大阪大学
新世紀レクチャー

計算機マテリアルデザイン
先端研究事例 Ⅲ

メラニン色素の生合成

岸田 良　笠井秀明

Computational Materials Design, Case Study Ⅲ:

Biosynthesis of melanin pigment

Ryo Kishida
Hideaki Kasai

大阪大学出版会

はじめに

　第一原理計算を基軸として材料や反応系を設計する計算機マテリアルデザイン（Computational Materials Design: CMD®）は、根幹的で効率的な知的財産の創出のためにシミュレーションに主導的役割を担わせる研究手法である。原子番号と原子構造のみをパラメータに持つ第一原理計算は、実験に頼らないシミュレーションであるからこそ実験と対等な目線で、両者の結果を比較し、さらなるアイデアを生むことができる。また、根幹とする第一原理がユニバーサルなものであるため、適用する系が固体材料であるか、分子系であるか、生体系であるかなどといった点に原理的な問題を生じない適用範囲の広さも強みの一つである。これまでに、CMDは省資源、創エネルギー、蓄エネルギー、省エネルギーをキーワードとする研究分野を中心に、ナノ触媒、水素貯蔵、太陽電池、燃料電池、スピントロニクス、メモリーデバイスなどの新技術・新産業の創生に貢献してきた。さらに近年は、バイオセンシング・ガン治療に代表されるバイオ・医薬品・医療科学分野もターゲットとするなど、CMDの応用分野への広がりが特筆され、CMD本来の適用範囲の広さと深さを実感することができるようになってきた。本書はこのようなCMDの新たな可能性を世に問う試みの一つである。

　本書で中心的研究課題として取り上げるのは、動物の皮膚・毛・眼の色を形作る生体色素メラニンの生合成経路の解明である。本書でも述べるように、メラニンは色素であるがゆえにユニークな光エネルギー変換機構を示し材料研究において注目されるほか、その生体適合性・生分解性から生体材料への応用も期待され、さらにその生合成機構と密接に関連した細胞毒性の発生などから皮膚科学・毛髪科学のメラニン化学の臨床応用が検討されているなど、広い分野にまたがってその重要性が認識されてきた系である。しかし、その生合成経路の解明には、多くの短寿命分子の複雑な挙

動を理解する必要があり、実験観測の時間・空間分解能の制約を乗り越えてこれを可能にするものとして、著者らは世界に先駆けて計算機マテリアルデザインの手法の導入と適用を試みている。

　本書では、これまでに応用実績のなかった生体内化学反応のケーススタディとしてメラニン生合成反応を取り上げ、CMD が反応デザインにどのように貢献するのか、CMD をどのように活用していけばいいのかなどを実践的な視点から例示する。本書の主題である CMD も、本書で紹介するメラニンも、どちらも従来的な学術・産業分野からの脱却に向かって日々発展を遂げている研究領域である。本書を通じて、分野を問わず読者の皆様から本書が描き、伝える研究の魅力とインパクトを感じ取っていただきたい。

　本書の内容は、これまでに著者らが重ねてきた多くの先生方との議論を土台とするものである。特に、メラニン化学研究の専門家である、藤田医科大学医療科学部 伊藤祥輔名誉教授、若松一雅特任教授の両氏には数多くの貴重な助言をいただいた。また、本書の執筆にあたり大阪大学出版会の栗原佐智子氏には多大のご支援をいただいた。この場を借りて厚く御礼を申し上げる。

　2019年1月

岸田　良、笠井秀明

目　　次

はじめに..　*i*

1. 序論 ....　*1*

　1-1. はじめに..　*1*

　　1-1.1　基礎的研究の必要性..　*1*

　　1-1.2　メラニン色素の分類と生体内の分布....................　*2*

　　1-1.3　メラニン研究の対象と意義................................　*4*

　1-2. メラニン化学における分析手法................................　*7*

　1-3. ユーメラニンの生合成過程

　　　　―ドーパキノンおよびドーパクロムの生成―.............　*10*

　　1-3.1　チロシナーゼの発見とその酵素活性の同定.........　*10*

　　1-3.2　Raper-Mason 経路の開拓 ....　*13*

　　1-3.3　ドーパクロム互変異性酵素の発見と

　　　　　その酵素活性の同定..　*16*

　　1-3.4　チロシン酸化反応の再評価...................................　*19*

　1-4. ユーメラニンの生合成とその性質

　　　　―モノマーの酸化的重合による色素生成―....................　*23*

　　1-4.1　モノマー間カップリングによる

　　　　　多量体分子の同定...　*23*

　　1-4.2　モノマー重合・メラニン構造モデルの

　　　　　理論的研究...　*26*

　1-5. フェオメラニンの生合成過程

　　　　―システインとの結合後の反応過程―..........................　*29*

　1-6. メラニン化学とメラノサイト特異的細胞毒性..............　*33*

iii

1-6.1 *p*-置換フェノールがメラノサイトに与える
影響.. 33

1-6.2 *o*-キノンとメラノサイト特異的細胞毒性との
関係.. 35

1-7. 本書の目的および内容.. 37

2. ドーパクロム変換の反応機構解析 40

2-1. はじめに... 40

2-1.1 ドーパクロム変換に関する研究背景...................... 40

2-1.2 ドーパクロム変換の反応素過程の解析.................. 43

2-2. 計算手法とモデル.. 45

2-3. 銅イオンが存在しない場合のドーパクロム変換機構.. 50

2-4. 銅イオンが存在する場合のドーパクロム変換機構...... 57

2-5. まとめ... 59

3. *o*-キノンとチオールの結合と環化の反応解析 62

3-1. はじめに... 62

3-1.1 環化とチオール結合の競合過程............................. 62

3-1.2 *o*-キノンの環化速度に関する研究背景................. 66

3-1.3 *o*-キノンへのシステインの結合に関する
研究背景.. 67

3-1.4 *o*-キノンの反応性の理論的評価............................ 68

3-2. 計算手法とモデル.. 70

3-3. チオールの結合と環化の競合
―ドーパキノンとロドデンドロールキノンの比較―.. 71

3-4. ドーパミンキノンに類似した*o*-キノンの
環化反応性.. 78

3-5. ドーパキノンとシステインの結合の反応解析............. 91

3-6. まとめ... 96

4. おわりに 98

参考文献 101
索 引 117

1. 序論

1-1. はじめに

1-1.1 基礎的研究の必要性

　生体内反応の微視的描像を理解することは、自然科学の目標の一つである。生物は、遺伝的に選択されてきた多種多様な機能を有するタンパク質によって、生体内反応をコントロールしている。これらの生体内反応の直接の担い手となるのが、酵素タンパク質と基質となる分子である。

　これら生体分子が引き起こす反応の多くは、分子の内部運動が複雑に絡み合う過程を含むため、簡潔で普遍的な理解を得ることは困難である。さらに生体内反応においては、通常の有機化学反応では主要な因子に含まれない環境の効果も重要である。例えば、溶媒を構成する水分子との水素結合やプロトンの授受が反応の記述に必要であったり、溶液中に共存する金属イオンが反応に関与したりする。また、反応の進行が多段的であったり、分枝点となる箇所が存在したりするなど、反応制御や生成物の構造・組成に多様性・柔軟性を付与する因子がしばしば含まれる。

　このような複雑な因子の関与が、生物に多種多様な機能を実現している

1

一因であると考えられる。生物が獲得してきた高度な機能を人工的に実現したり、改良したりすることは組織工学や創薬科学、生体材料学などの分野における大きな目標である。この目標に向けて、生体内反応の微視的描像を理解し、反応デザインに指針を与えるための基礎的研究が必要である。

近年の計算機科学および計算物理、計算化学の発達により、生体内に含まれる分子の電子状態を量子力学に基づいて計算することができるようになった。実験に頼ることなく計算機から材料や反応系を設計する計算機マテリアルデザイン（Computational Materials Design: CMD®）はもはや一般的な研究戦略の一つとして位置付けられる段階に踏み出し、知的財産の創出に重要なフレームワークとして認識されてきている。計算機マテリアルデザインは、原子番号と原子配置のみをパラメータとする第一原理計算をその基礎に置いており、分子のナノスケールでの構造・組成制御がどのような影響を及ぼすかを具体的に知ることができる。本書では、第一原理計算手法の広い有効性と今後の展望を伝えるべく、計算機マテリアルデザインの具体的な活用事例として、これまでに応用実績の少なかった生体系の化学反応をケーススタディとして取り上げる。

1-1.2　メラニン色素の分類と生体内の分布

自然界に生息する動物が形成する生体色素の中で、メラニン（melanin）と呼ばれる特定の化学的性質、構造を持った色素が普遍的に見出されてきた。メラニンは太陽光から細胞を防御する光防御作用や、細胞内に発生した活性酸素（reactive oxygen species: ROS）を除去する抗酸化作用などをはじめとする、様々な防御的役割を担っていることが明らかにされてきた。19世紀から黒色から暗褐色を呈する生体色素が漠然とメラニンと呼ばれていたが、その組成や構造といった化学的特徴は全く明らかにされていなかった。20世紀に入り、これらの色素についての研究が進み化学的理解が大きく前進した。その中で、メラニンという用語もその化学的特徴に基づいて定義、分類されるようになり、現在呼称されているメラニンとほぼ同

1−1．はじめに

等の意味を持つようになった [1]。

　化学的な観点からは、メラニンは2種類に大別することができる。一つ
は黒色から暗褐色を呈するユーメラニン（eumelanin）、もう一つは黄色か
ら赤褐色を呈するフェオメラニン（pheomelanin）である [2]。動物が形成
している天然のメラニンはこの2種のメラニンが混在したものであること
が知られており、その混合比によって様々な色調を形成している [3]。ユー
メラニンはインドール系のモノマー分子、フェオメラニンはベンゾチアジ
ンおよびベンゾチアゾール系のモノマー分子がそれぞれ酸化反応により複
雑に結びついて形成されている。

　細胞生物学分野においてはメラニンを産生している色素細胞（pigment
cell）に関する研究が今日まで進められてきた。色素細胞は恒温動物の場合、
メラノサイト（melanocyte）と網膜色素上皮（retinal pigment epithelium:
RPE）細胞の2種類に分けられる。メラニンは色素細胞内に存在している
メラノソーム（melanosome）と呼ばれる細胞小器官の中で合成される [4]。

　メラノサイトはメラニンを含んだメラノソームを皮膚や毛などに供給し
ている細胞であり、発生途上において形成される神経堤細胞（neural crest
cell）から分化して形成される細胞の一種である [5]。

　なお変温動物の場合には、神経堤細胞由来の黒色素胞（メラノフォア：
melanophore）が存在する。黒色素胞は皮膚などへのメラニン供給に加え
て黒色素胞自身の凝集・拡散を介して色調制御を行っていることが知られ
ている。

　網膜色素上皮細胞は眼の発生過程において形成される眼杯（optic cup）
を起源とする細胞で、網膜とともに分化して形成される。網膜に到達した
光は、背後に発達した網膜色素上皮細胞が保有しているメラニンによって
吸収されている。このメラニンは皮膚などに見られるメラノサイトの場合
と異なり、網膜色素上皮細胞への分化が完了する前の段階で活発に形成さ
れ、その後は一般に緩慢なターンオーバー（生成と分解の動的平衡）を示
す。皮膚や毛の色はメラノサイトからのメラニン輸送によるものであった

1
序
論

3

のに対し、網膜色素上皮は隣接する細胞にメラニンを供給することなく自身で光吸収を担っているのが特徴的である[6]。また、色素細胞ではないが脳の黒質（substantia nigra）や青斑核（locus coeruleus）中のニューロン（neuron）にもメラニンによく似た色素が形成されていることが広く知られている。これらは特にニューロメラニン（neuromelanin）と呼ばれ、パーキンソン病（Parkinson's disease）の原因となり得る重金属イオンやメチルフェニルピリジン（methylphenylpyridine: MPP+）などと結びついて細胞を守る働きをしていると考えられている[7,8]。

1-1.3　メラニン研究の対象と意義

　メラニン研究の意義は多分野にわたる。生物多様性の観点からは、メラニンは皮膚、毛などの色、すなわち視覚的な表現型の担い手として重要である。同生物種であっても、個体間に見られる体色発現は多様であり、その表現型多型と遺伝子多型の関係を探る研究は意義深い。また、基礎・臨床医学においては眼皮膚白皮症（oculocutaneous albinism）や尋常性白斑（vitiligo）などに代表される色素異常症やメラノサイトの悪性腫瘍である悪性黒色腫（メラノーマ：melanoma）の病理の理解および治療法の確立が求められている。ヒトの皮膚や毛、眼の色を決定づける支配的な因子は、その器官または組織に供給されたメラニンの量と組成（ユーメラニン／フェオメラニン比など）であるため、色素異常症においては主にメラニン産生や輸送に関する機能やメラノサイトの数、形に異常が見られる。眼皮膚白皮症は先天的な遺伝子変異によりメラニン産生不全を示す色素異常症であり、治療法が未だ確立されていない指定難病である。尋常性白斑は、メラノサイト欠落により全身に白斑を生じる疾患であり、病因については諸説あるが、特にメラノサイトに対する異常な免疫応答の誘導が発症、および症状の進行に重要であると考えられている[9]。

　色素異常症に限らず、皮膚の色を決定づけているメラニンの生合成や細胞間輸送などを人工的に制御することは化粧品業界における永遠の研究課

1−1. はじめに

1
序
論

題であり、化学や細胞生物学、皮膚科学、毛髪科学といった分野を超えて
メラニン形成を総合的に理解することが求められている。

メラノーマは代表的な予後不良の腫瘍として知られており、湿潤性、転
移性が認められてからは外科的処置により切除することは困難であり、化
学療法のみが認められている。ところが歴史の長いアルキル化剤を用いた
化学療法は、一般に奏功率が低く、深刻な副作用も多く報告されている。
近年、分子標的薬（主に、マイトジェン活性化プロテインキナーゼシグナ
ル伝達経路に含まれる BRAF の V600E/K ミスセンス変異をターゲットと
したものや、メラノーマが獲得している免疫系抑制を解除させるようデザ
インされた、免疫チェックポイント阻害剤が用いられる）の開発が進み、
臨床試験では従来の抗メラノーマ剤より高い奏功率が報告されているなど、
脚光を浴びている[10,11]。しかし、依然として残る副作用の問題に加えて、
分子標的薬に対する耐性の獲得[12]といった新たな問題などが知られている。
メラノーマ発症率は年々増加傾向にあり、オゾン層破壊による紫外線暴露
量増加の深刻化との関連が示唆されている[13]。このような状況の今日に
おいて、より有効な抗メラノーマ剤の研究開発は喫緊の課題となっている。

さらに、メラニンは化学、生物学や医学のみならず、物性物理学や材料
科学の研究分野からも注目を集めている。メラニンの光防御機能は吸収し
た光エネルギーを高い量子収量で熱エネルギーに変換できる物性に由来す
るものであり[14]、そのエネルギー変換のダイナミクスに関する研究が広
く行われてきた[15]。このようなメラニンの無輻射緩和には、熱散逸のみ
ならず電気エネルギーへの変換も同時に起こることが示された[16]。また、
メラニンの電気伝導性を調べた研究から、メラニンはある閾値を境にその
抵抗値がスイッチする現象が確認された[17-20]。メラニンのこのような物
性を活かした材料研究は広く行われており、特にメラニンの薄膜を形成す
る技術が様々に考案されている[16]。このメラニン薄膜を末梢神経と接触
する箇所に埋植した動物モデルの実験や、神経節由来の細胞株をメラニン
薄膜上で培養した実験などから、メラニン薄膜は神経組織と生体適合性が

5

高く、生分解性を有していることが示された[21]。これより、神経細胞や筋細胞再生におけるメラニン薄膜のスカフォールド（scaffold）としての応用が期待される。また、ドーパミンを出発物質として合成したメラニンを用いて表面修飾し、有機・無機材料を問わず幅広い組み合わせの異なる2表面を接着させる技術が報告されており、表面・界面科学における応用も期待される[22]。

　このように、化学合成によって作製されるメラニン材料（薄膜成形体・接着材など）や、メラニン生合成系、およびその反応環境であるメラノサイトといった幅広い研究対象が注目を集めている。これは、メラノサイトが皮膚・毛などの「色」というシンプルな表現型に影響を与えることや、他の細胞に見られない活発な化学的環境を呈していること、そして光照射やROSなどの化学的・物理的刺激に対して多様な振る舞いを示す系だからと考えられる。すなわち、メラニンを合成できる化学的環境の特異さが様々な研究課題を提示していることになる。したがって、メラニン生合成がどのように進行するか、またそれを制御し得る因子が何かを理解することはメラニン研究分野における根本的な問題である。

　メラニン生合成を制御し得る酵素の存在やその作用について、様々な研究がなされてきた。ところが後の章以降で説明するように、メラニン生合成に含まれる過程のほとんどは酵素を介さずに自発的に起こる。酵素以外にも様々な因子が存在することや、メラニン生合成系に見られる中間体と酵素との相互作用が反応系全体に影響することなどの点から化学的な制御因子の重要性が認識されてきた。酵素のような特異性の高い分子以外の因子がもたらす細胞内反応制御は、生物化学分野において比較的未開拓な領域であり、メラニン生合成を理解するにはこのような未開拓領域へ踏み出したアプローチが必要である。

1-2. メラニン化学における分析手法

　メラニンに関する研究は、19世紀後半から現在に至る非常に長い歴史を持っているが、メラニンをどのように定義すればよいかは自明な問題ではなかった。メラニンは合成条件によってその構造、組成が変化する。さらに、メラニンの構造や組成に関する情報を通常の分析手法から取得することは難しい[23]。メラニンを構成しているモノマー同士は強固な炭素−炭素共有結合で結びついているため、そのままの状態ではクロマトグラフィーなどの物理化学的な手法でモノマーに分離することができない。しかも、このような結合は直鎖構造を作る方向だけでなく、枝分かれ構造も作ることができるため、構造の解釈は困難である。これは、糖質のグリコシド結合、タンパク質のペプチド結合、核酸のホスホジエステル結合などの、天然高分子が形成している比較的弱く直鎖的なモノマー間結合とは対照的である。さらに、メラニンはほとんどの溶媒に不溶であるという点も分析を困難にしている要因の一つである。

　今日、メラニンという用語をキーワードにして数々の研究が行われている。そこで実験・議論の対象となっているメラニンが生体由来であるか、化学合成されたものか、さらには何の生物由来であるか、どの組織・細胞株由来であるか、どのような単離条件または合成条件で得られたものかといった違いが実験結果の解釈に影響し得る。よって、まずメラニンの構造、組成を実験的にどのようにして、どの程度知ることができるのかを整理することがメラニンを理解する第一歩となると考えられる。本節ではメラニン化学における分析手法について解説する。

　メラニンの合成過程に関する研究が進んだことにより、メラニンを構成しているモノマーが明らかになった。ユーメラニンのモノマーは5,6-ジヒドロキシインドール（5,6-dihydroxyindole: DHI）と5,6-ジヒドロキシインドール-2-酢酸（5,6-dihydroxyindole-2-carboxylic acid: DHICA）の2種類（図1.1）、フェオメラニンのモノマーは7-(2-アミノ-2-カルボキシエチ

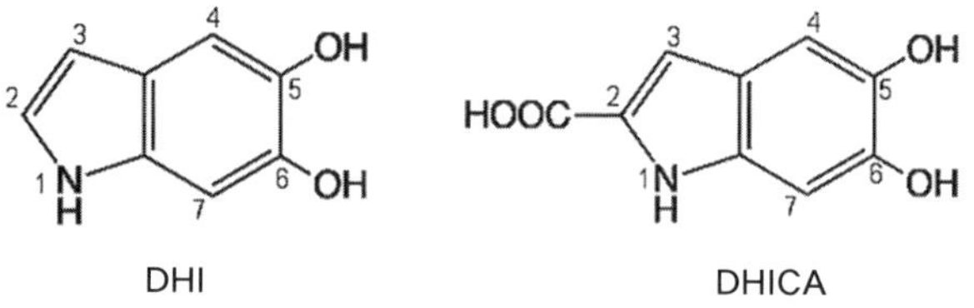

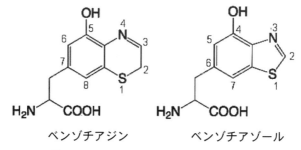

図1.1. ユーメラニンを構成するモノマー

5,6-ジヒドロキシインドール（DHI: 左）と5,6-ジヒドロキシインドール-2-酢酸（DHICA: 右）。

図1.2. フェオメラニンを構成するモノマー

7-(2-アミノ-2-カルボキシエチル)-5-ヒドロキシ-2H-1,4-ベンゾチアジン（左）と6-(2-アミノ-2-カルボキシエチル)-4-ヒドロキシ-ベンゾチアゾール（右）。ベンゾチアジンの3位およびベンゾチアゾールの2位水素がカルボキシ基に置き換わった誘導体もフェオメラニンに含まれている。

ル)-5-ヒドロキシ-2H-1,4-ベンゾチアジン（7-(2-amino-2-carboxyethyl)-5-hydroxy-2H-1,4-benzothiazine）や8-(2-アミノ-2-カルボキシエチル)-5-ヒドロキシ-2H-1,4-ベンゾチアジン（8-(2-amino-2-carboxyethyl)-5-hydroxy-2H-1,4-benzothiazine）、およびそれらの3-カルボキシ誘導体、さらに6-(2-アミノ-2-カルボキシエチル)-4-ヒドロキシ-2H-ベンゾチアゾール（6-(2-amino-2- carboxyethyl)-4-hydroxy-2H-benzothiazole）（図1.2）である。

　これらのモノマーは酸化反応によって結びつき、複雑な高次構造を形成

1-2. メラニン化学における分析手法

すると考えられている。前述したように、メラニンをモノマーそのものに分解・分離することは現状では不可能であるが、ユーメラニン／フェオメラニン比およびユーメラニンを構成しているモノマー比（DHI/DHICA 比）については化学反応を利用することで間接的に知ることができる。これは化学分解（chemical degradation）もしくは酸化分解（oxidative degradation）と呼ばれる手法であり、S. Ito らにより提唱された[24-26]。この手法が提唱された当時は酸性の過マンガン酸カリウム水溶液を用いた酸化的分解によりユーメラニン量を、熱ヨウ化水素水溶液を用いた還元的分解によりフェオメラニン量を分析していたが、操作が煩雑であり、DHI/DHICA 比を知ることはできなかった。Ito らはこれをさらに改善し、アルカリ性過酸化水素水溶液を用いた酸化反応を利用する方法を提唱した。

　この手法では、メラニンは酸化反応によって4種類のマーカー分子を生じる（図1.3）。一つはピロール-2,3,5-三酢酸（pyrrole-2,3,5-tricarboxylic acid: PTCA）であり、DHICA の特異的マーカーとなっている。これよりカルボキシ基の一つ少ないピロール-2,3-二酢酸（pyrrole-2,3-dicarboxylic acid: PDCA）も DHI の特異的マーカーとして生成する。そして、フェオメラニンを構成するベンゾチアゾールの特異的マーカーとしてチアゾール-2,4,5-二酢酸（thiazole-2,4,5-dicarboxylic acid: TDCA）やチアゾール-2,4,5-三酢酸（thiazole-2,4,5-tricarboxylic acid: TTCA）が生成し、フェオメラニン組成の分析に有用である。また、これらのマーカー分子を高速液体クロマトグラフィー（high performance liquid chromatography: HPLC）により溶離し、紫外吸収検出器により定量することで、PTCA/TTCA 比および PDCA/PTCA 比から、それぞれユーメラニン／フェオメラニン比と DHI/DHICA 比を知ることができる。この手法は現在メラニンを分析する上で標準となっており、この分析結果と視覚的表現型（色）と遺伝型の対応関係を探る研究がこれまでに数多く行われてきた。この化学分解による分析結果はメラニンの「化学的表現型」を定義するということができる。従来はメラニンを特徴づけているのは視覚的表現型であったが、現在は化学的

9

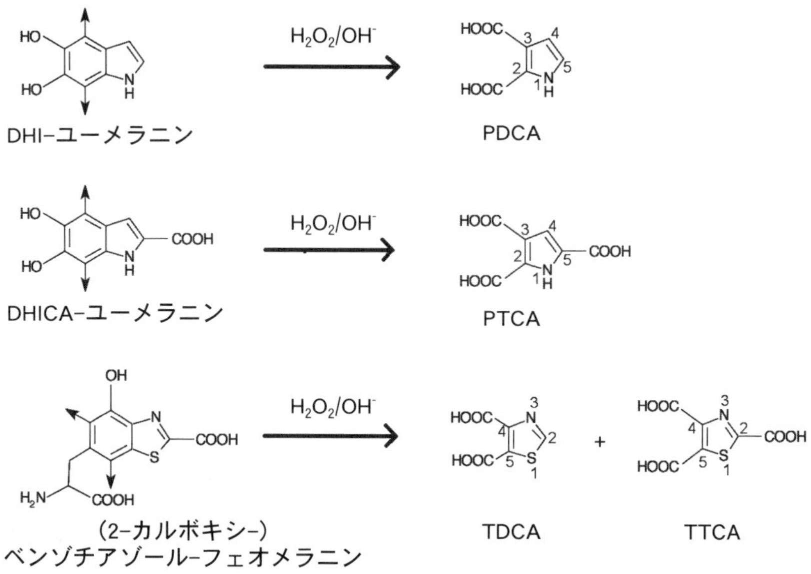

図1.3. メラニンの化学分解法によるマーカー分子の生成

アルカリ性過酸化水素水溶液を用いる手法では、ユーメラニンの DHI および DHICA ユニットからはピロール-2,3-二酢酸（PDCA）、ピロール-2,3,5-三酢酸（PTCA）がそれぞれ生成し、フェオメラニンのベンゾチアゾールユニットからはチアゾール2,4,5-二酢酸（TDCA）やチアゾール2,4,5-三酢酸（TTCA）が生成する。反応式中の生成物は、マーカー分子のみを示している。

表現型を調べることで、メラニンに関するより多くの情報を定量的に知ることができる。

1-3. ユーメラニンの生合成過程
―ドーパキノンおよびドーパクロムの生成―

1-3.1 チロシナーゼの発見とその酵素活性の同定

本節ではメラニン生合成の分岐点にあたるドーパキノンおよびドーパクロムが生成する過程が明らかにされてきた研究背景を説明する。これらの過程はユーメラニン生成経路に含まれる。メラニンの生合成（メラノジェ

ネシス：melanogenesis）は多くの不安定な中間体を経ながら達成される複雑なものである。これらの中間体の多くはその寿命の短さのため、最初は検出されていなかった。まずメラニンという用語はJ.J. Berzeliusにより1840年に作られ、動物の黒色の色素に対して用いられた[1]。メラニン生合成に関する化学的研究は、歴史的にメラノジェネシスの出発物質と開始反応に関与する酵素を解明するところから始まった。

　1895年にE. BourquelotとG. Bertrandによってマッシュルーム（ハラタケ科ツクリタケ：*Agaricus bisporus*）からチロシナーゼ（Tyrosinase: Tyr）と呼ばれる酵素が単離された[27]。チロシナーゼはアミノ酸であるチロシンを基質とし、その酸化反応に触媒作用を示す。この反応により、黒い色素の生成が認められた。この結果より、チロシンがメラノジェネシスの出発物質であり、生体内に存在するチロシナーゼがチロシンの酸化を介助することで黒色の色素、すなわちメラニンが生成すると考えられた。その後、植物や昆虫、菌類や海洋動物にもチロシナーゼの存在が確認され、哺乳類にもチロシナーゼが存在しているのではないかという仮説が生まれた[28]。ところが哺乳類中のチロシナーゼの存在はなかなか一般的な形で証明されず、しばらくの間、結論が得られないでいた。

　例えば、ウマのメラノーマを用いた実験ではチロシンからメラニン生成を認めたが、ウサギの皮膚を用いた実験ではメラニン生成が認められなかった[29]。その中で、B. Blochがヒトの皮膚からメラニンと思われる黒色の色素が形成される条件を見出した。B. Blochはチロシンとよく似たアミノ酸のドーパ（3,4-dihydroxyphenylalanine: dopa）の水溶液にヒトの皮膚の切片を浸すことで黒色の色素の形成を確認した。この反応は、現在でもメラノサイトの存在を確認するために用いられる方法で、ドーパ染色と呼ばれる。ところが、チロシンを用いて同様の反応を確認することはできなかった。このことから、B. Blochは哺乳類の皮膚にはチロシナーゼは存在せず、ドーパを基質として酸化反応を介助するドーパオキシダーゼが代わりに存在していると考えた[30]。

H.S. Raper は、植物や昆虫由来のチロシナーゼを用いてチロシンを酸化するとメラニン生成に先立ってドーパが生成することを明らかにした[28]。また、Raper はドーパがこれらのチロシナーゼによって、さらに酸化されてメラニンとなっていくことも示した。よってドーパは植物や昆虫のメラニン生成における中間体であることが示された。

　哺乳類のメラニン形成に関与する酵素について、なかなか直接的な証拠が得られない時期が続いたが、1942年になり G.H. Hogeboom と M.H. Adams がマウスに生じたメラノーマをサンプルとして用い、その抽出物にチロシンやドーパを加えると、系内の酸素の消費に起因すると考えられる圧力減少が確認された。その後、黒色の色素形成が認められたため、哺乳類にもチロシナーゼが存在していると主張した[30]。このメラノーマをさらに硫酸アンモニウムなどで抽出すると、沈殿物にチロシナーゼの酵素活性（基質となる分子への触媒作用の高さ）が移動していき、一方上澄み液にドーパオキシダーゼの酵素活性が残ることを示した。よって、Hogeboom と Adams は哺乳類にはチロシナーゼとドーパオキシダーゼが両方存在すると考えた。

　その後、J.P. Greenstein らによりヒトのメラノーマからチロシナーゼおよびドーパの酵素活性が見出された[29]。これまでの研究より、哺乳類の場合チロシナーゼの酵素活性はドーパの場合よりも低く、サンプルの種類（どのような組織由来であるか、またはどのような生物由来であるかなど）によってはチロシナーゼの酵素活性が見つからない場合があることが分かる。メラノーマのようにメラノサイトが大量に存在するサンプルは、チロシナーゼの酵素活性を発見する上で有利だった。

　しかし、チロシナーゼとドーパオキシダーゼの両方が存在するという考えは、しばらくして否定されることとなった。1949年 A.B. Lerner らによりマウスメラノーマの分析の再評価が行われた[31]。チロシンのチロシナーゼによる酸化は、誘導期（induction period）という反応速度の遅い期間を経て、しばらくのちに反応速度の上昇が見られるという性質が知られてい

た。Lerner らはドーパの添加により、この誘導期が短縮されることを見出した。さらに、サンプルをエタノール抽出したときに沈殿物が上澄み液よりも短い誘導期を示すことを発見した（ドーパはエタノールに不溶）。また Bloch による実験は pH 7.4で行われたが、Lerner らはドーパは pH 7.0以上で酵素の有無にかかわらず自動酸化（空気中の酸素による酸化反応）されてしまうことを示した。

　Lerner らは、チロシナーゼおよびドーパオキシダーゼの酵素活性は独立に測定することが困難であり、抽出操作で活性を十分に分離することができないことに着目した。そしてチロシン酸化の誘導期を短縮する因子が存在している点を指摘した。これより、Lerner らはチロシナーゼとドーパオキシダーゼは同一の酵素であり、その活性は共存する何らかの因子（ドーパなど）によって制御されていると考えるのが自然だとした。また、それに伴って酵素名もチロシナーゼに統一すべきだと主張した。

1-3.2　Raper-Mason 経路の開拓

　このようなチロシナーゼに関する研究と並行して、メラノジェネシスにおける中間体の研究が進んだ。チロシンは酸化されるとドーパが生じた後、赤から橙色を呈する化学種に変化し、しばらく放置していると徐々に無色へと変わっていき、最終的に黒色のユーメラニンになることは以前から知られていた。赤から橙色および無色の化合物は Raper と H.S. Mason の2人により同定された。Raper はこの無色の化合物に含まれる窒素原子がすでにアミノ基のものではないことを示し[32]、また赤色の化合物は、少なくともドーパの生成後に生じるものであることを明らかにした[33]。アミノ基として検出されなくなった窒素は分子内環化反応（ベンゼン環炭素と結合し環構造を作る反応）を起こし、その結果生じた環状構造の中に取り込まれたのだと考えられる。チロシンやドーパが環化反応を起こさないことを考えると、チロシナーゼによって酸化されたチロシン（またはドーパ）が化学的に不安定なドーパキノン（o-キノンの一種）に変換されて環化

したのだと予測されていた。無色の化合物は容易に自動酸化されてしまうため、単離には酸化を防ぐ手法が効果的であった。

Raperは赤色の化合物が無色化する反応を、真空条件および還元剤である亜硫酸を添加する条件の2種類の条件下で進ませ、フェノール性水酸基をメチル化して酸化できなくしておくと、結晶化が可能であることを見出した。元素分析の結果、真空条件下で得られた物質は5,6-ジヒドロキシインドール（DHI）と同じ組成を有し、亜硫酸ガス中の反応で得られた物質は5,6-ジヒドロキシインドール-2-酢酸（DHICA）と同じ組成を有していた。融点の一致も確認された。現在ではHPLC分析におけるリテンションタイムの一致も確認されており、これらの比較的シンプルで収率の良い合成法も確立されている[34]。Raperは赤色の物質が後にMasonが同定する2,3-ジヒドロインドール-5,6-キノン-2-酢酸（2,3-dihydroindole-5,6-quinone-2-carboxylic acid）、すなわち一般にドーパクロム（dopachrome）の名で呼ばれる分子であることを予想していたが、赤色の物質が5,6-インドールキノン（5,6-indolequinone: IQ）やその2-カルボキシ誘導体（IQ-CA）である可能性を除外できなかった（これらのインドールキノンは何らかの還元反応を経てDHIもしくはDHICAに変換され得るため）。

1948年にMasonはメラノジェネシスを吸光光度法（ドーパクロムに特有の475 nm付近のピーク強度変化を調べる）により追跡した[35]。ドーパを中性付近のpH条件下で酸化すると、順に305、475 nm（赤から橙色）、275、298 nm（無色）、および300、540 nm（紫色）の吸収波長極大を有するスペクトルを経て、最終的に広域に広がったなだらかなスペクトル（黒色）、すなわちユーメラニンに対応するスペクトルを得ることが分かった。275、298 nm付近のピークはメトキシ化したDHIにも見られるものであったため、DHI生成が裏付けられた。強酸性条件下（pH 1.3または2.0）ではこの2本のピークの代わりに310 nmの吸収極大が見られ、同様にメトキシ化したDHICAとの一致が確認された。このことから生体内のpH条件ではDHICAは生成しないとMasonは考えた。

14

1-3. ユーメラニンの生合成過程

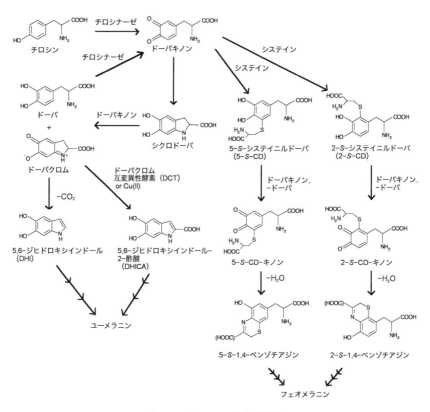

図1.4. メラニンの生合成経路

その知見の開拓に最も貢献したRaperとMasonの名をとってRaper-Mason経路と呼ばれる。式中の矢印の脇に記した分子は反応物と反応する（または触媒として作用する）化学種を意味する。ただし、負の符号付きのものは反応において脱離することを示している。括弧付きのCOOHは、反応分子のうちカルボキシ基を保持するものと水素に置換されるものの2種が見出されることを意味する。

　　DHIの酸化後生成された300、540 nm付近（紫色）の吸収波長ピークを示す物質はメラノクロム（melanochrome）と呼ばれ、Masonはその正体は5,6-インドールキノンだと考えたが、現在ではこの考えは否定されている。300、540 nmの吸収波長ピークはむしろインドールとキノン間のカップリングにより生じるダイマー（2量体）分子に対応するものであることが示

され[36]、さらに5,6-インドールキノンが黄色を呈する分子であることが確認されている[37]。このようにして、305、475 nm の吸収極大を持つ赤色の物質がインドールキノンである可能性は、排除されたといえる（DHIや DHICA の生成以前に赤色の物質が生じるため）。この305、475 nm 周りのピークはアドレノクロム（adrenochrome）やルブレセリン（rubreserine）などのアミノクロム（またはイミノクロム）にも見られるものである点から、ドーパクロムが対応する物質であることが示唆された。

この Mason の実験で得られたメラノジェネシスにおける吸収スペクトル変化に関する知見は、その後のメラニン化学の土台を築いたといってよい。このようにして、チロシンからユーメラニンに至るまでの中間体はこの時点でほぼ理解された。メラニンの生合成経路は、その知見の開拓に最も貢献した Raper と Mason の名をとって Raper-Mason 経路と称される（図1.4）。メラニン産生を担っている細胞に対してメラノサイトという用語が提唱され、統一的に用いられるようになったのもこのころ（1951年）である[38]。

1-3.3　ドーパクロム互変異性酵素の発見とその酵素活性の同定

メラノジェネシスに関与する酵素はチロシナーゼのみであると長い間考えられていたが、1980年に A.M. Körner と J. Pawelek により、メラノサイトに特異的に発現し、ドーパクロムが DHI または DHICA に変換される過程（ドーパクロム変換）に影響を与えているとみられる酵素が単離された[39]。マウスメラノーマを培養し、遠心分離および界面活性剤による溶解を繰り返した後、イオン交換樹脂を用いた溶離および透析などを繰り返して分離されたものが、ドーパクロム変換を促進することが確認された。Körner と Pawelek はこの分離物をドーパクロム変換酵素（dopachrome conversion factor: DCF）と呼んだ。

Körner と Pawelek は、マッシュルームチロシナーゼを用いて用意したドーパクロムを DCF とともに放置し、ドーパクロム消費速度への影響を吸光

1-3. ユーメラニンの生合成過程

光度法で分析した。脱炭酸（カルボキシ基を二酸化炭素として脱離させる反応）量をカルボキシ基の炭素を^{14}Cに置換した放射性同位体からの放射線をシンチレーションカウンターで定量し、さらにHPLC分析を用いてDHIが生成する様子を調べた。その結果、DCFによりドーパクロムは速やかに消費されること、脱炭酸が少し加速されること、およびDCFの有無にかかわらずDHIが生成すること（しかし、DCF存在下のほうがDHI生成は速くなる）が明らかにされた。脱炭酸の加速の度合とドーパクロム消費速度の加速の度合を比較すると脱炭酸の加速は緩やかであったため、DCFはドーパクロムのDHICAへの変換を促進する酵素であり、DHICAは自発的に脱炭酸によりDHIに変換していくものと考えられた。

1985年にKörnerとPawelekはDCFによる生成物を吸光光度法と^{13}C NMRで分析し、DHICAであると同定した[40]。この時点ではDHICAはあくまでユーメラニンの中間体であり、モノマーではないと認識されており、DHICAはさらに脱炭酸を経てDHIに変換された上でユーメラニンになると考えられていた。ところが、Itoらが1986年にユーメラニンを詳細に分析し、天然由来のユーメラニンには半分近くのDHICAが含まれていることを示した[41]。この時に用いられた実験手法の中には酸化反応を利用した化学分解法も用いられており、今後のメラニン分析の基礎を形作る上でも重要な研究となっている。

このように、ユーメラニンを形作るモノマーはDHIとDHICAの2種類であることが明らかにされた。DCFの作用が働かなければDHIが生成されて、DCFがドーパクロムに作用した場合はDHICAが形成されるという機構が成り立っていると考えられた。実際には酵素以外にもDHICA変換を促進する因子が報告されているが、それらについては第2章にて述べる。

これまでの研究ではDHICAは比較的容易に脱炭酸を起こす性質を持つように考えられてきたが、これはマッシュルームチロシナーゼを用いたことが原因ではないかという主張がある（マッシュルームからの抽出物がDHICAからの脱炭酸を促進する効果が確認された[42]）。DCFがドーパク

ロムに作用してできる生成物がDHICAであることが確認され、しかもドーパクロムからDHICAへの変換は互変異性化（tautomerization）であるため、この酵素はより限定的な意味を持つドーパクロム互変異性酵素（dopachrome tautomerase: DCT）という名称が新たに提唱された[42]。このDCTという名称は哺乳類に関しては用いられているが、昆虫では専らDCFと呼ばれている。これは昆虫のメラノジェネシスにおいてもドーパクロム変換を促進する酵素が存在することは確認されていたが、この酵素はDHICAではなくDHIへの変換を促進するものであることが分かっているからである[43]。

　なお、DCTはチロシナーゼと非常によく似たタンパク質配列を有しており、チロシナーゼ関連タンパク質（tyrosinase-related proteins: TRPs）と呼ばれるファミリーの一種に属する（TRP2と呼ばれる）。I.J. JacksonらによりマウスメラノーマのDCTのシークエンス（アミノ酸配列）解析が行われ、チロシナーゼおよびメラノサイトに発現しているTRP1と呼ばれる酵素との類似性が見出された[44]。特に、チロシナーゼの活性部位に見られる銅イオンは、三つのヒスチジン残基に結合していることが知られており、DCTでも同様の場所にヒスチジン残基があったため銅などの金属イオンが含まれているのではないかと考えられていた。DCT含有金属イオンとして、銅イオンや鉄イオンの可能性が予測されてきたが、F. Solanoらの実験によりDCTが含んでいる金属イオンは亜鉛イオンであることが明らかにされた[45,46]。Solanoらは原子吸光スペクトルで金属イオンの組成を分析し、銅イオンや鉄イオンがほとんど含まれていないこと、および亜鉛イオンが含まれていることを示した。また、シアン化物などを用いていったん金属イオンを取り除いたうえで、様々な金属イオンと再結合させたところ、亜鉛イオンが最も大きくDCTの酵素活性を回復させることを示した。亜鉛イオンは銅イオンと違って酸化反応をほとんど起こさないため、DCTの機能は酸化とは異なったものであるといえる。

1-3.4 チロシン酸化反応の再評価

　チロシナーゼの誘導期の存在とドーパの添加による誘導期の短縮については長らく未解決の問題となっていたが、この問題はチロシンからドーパクロムに至るまでの過程が、より詳細に調べられる中で徐々に明らかになっていった。チロシナーゼは古くから銅イオンを2個含んだ銅タンパク質として知られており、この銅イオンが酸化反応を担っていることが分かっていた[27]。マッシュルームチロシナーゼの結晶構造を調べた研究[47]から、銅イオンを含んだ活性部位の構造が示された。三つのヒスチジン残基の窒素が配位された銅イオンが二つ並んで存在しており、その間に酸素や水酸化物イオンを含むことができる。チロシンのベンゼン環に結合している酸素原子は一つであり、カテコールであるドーパなどへと変換されているという事実から、チロシナーゼが酸素を取り込んでチロシンに受け渡す能力（モノオキシゲナーゼ活性）を有していることが分かる。また、チロシナーゼを用いてチロシンを酸化させると空気中の酸素が消費されることが実験的に分かっているので[30]、チロシナーゼは何らかのメカニズムで渡した酸素を再度空気中から取り込んでいるといえる。

　単離されるチロシナーゼのほとんどは、銅イオンが酸化数2でヒドロキシイオンと結合した *met* -tyrosinase form と呼ばれる状態を示している。酸化数2のCu(II)は通常これ以上酸化されないので酸素を取り込むことはできないと考えられる。しかし、還元剤と反応し、ヒドロキシイオンを手放すことで（*deoxy* -tyrosinase form）Cu(II)からCu(I)に移行することができ、酸素分子を過酸化状態の形で取り込むことができる（*oxy* -tyrosinase form）。さらに、四つ目のフォームとして、*oxy* -tyrosinase form からカテコールもしくはレゾルシノールにモノオキシダーゼ活性を示した場合に生じる、不可逆的に失活した *deact* -tyrosinase form が知られている（図1.5）[48]。このような酸素分子を再度取り込むメカニズムと、ドーパがチロシナーゼの誘導期を短くするメカニズムとの間には何らかの関連があるのではないかという仮説が生まれた。

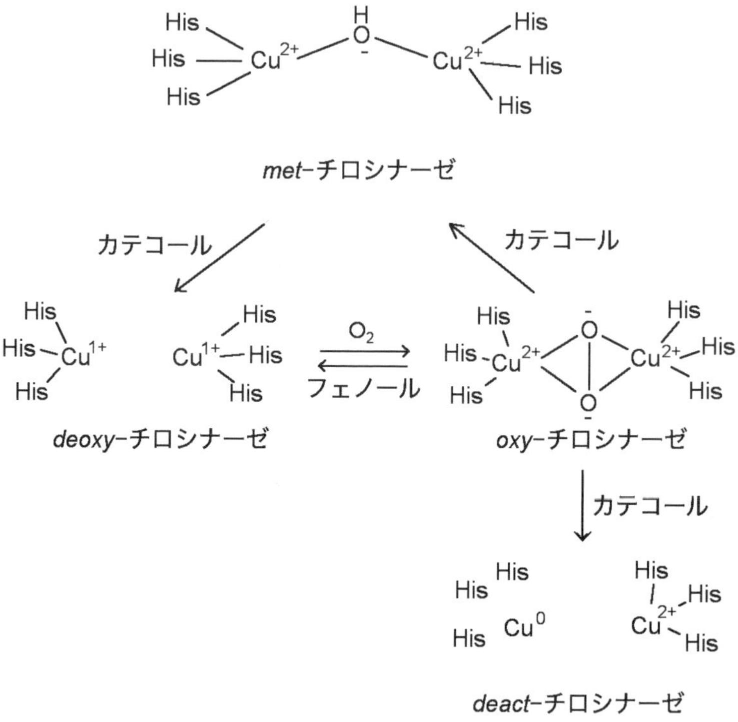

met-チロシナーゼ

カテコール

カテコール

O_2

フェノール

deoxy-チロシナーゼ

oxy-チロシナーゼ

カテコール

deact-チロシナーゼ

図1.5. チロシナーゼ活性部位の4種類のフォーム

各銅イオンはヒスチジン残基の窒素によって3配位構造を取っており、ここではその錯体構造部分のみを示している。

　特にチロシンの酸化をきっかけに生じたドーパが還元剤として働き、チロシナーゼの銅イオンの酸化数を減少させることで、酸素と再度反応できるようになったと考えれば誘導期短縮の原因を説明できる。これを示すため、チロシナーゼの酸素分子取り込み量に関する実験が行われた。4-ヒドロキシアニソール（4-hydroxyanisole）を用いた場合、酸素消費量は基質量に対して1.0倍であったが、チロシンを用いた場合は酸素消費量が加えた基質量に対し1.5倍であった[49]。これは、チロシン酸化をきっかけに生じたドーパがチロシナーゼにより酸化されてさらに酸素を消費するためと考

えられる。この余剰な（基質量の0.5倍の）酸素消費分は、生成したドーパ2分子につき酸素1分子が使われているとみなすことができる。この2:1の量論比は、ドーパに作用するチロシナーゼが *oxy* -tyrosinase form である確率と *met* -tyrosinase form である確率がそれぞれ50%で起こったことに対応している。すなわち、*oxy* -tyrosinase form が作用した場合、チロシナーゼはドーパに2個のうち片方の酸素原子を奪われて *met* -tyrosinase form に変わることになる一方、*met* -tyrosinase form がドーパに作用した場合、*deoxy* -tyrosinase form が生成することになり、ここで系中の酸素分子の取り込みが起こることになる。この誘導期短縮を説明するモデルメカニズムは必ずしも得られた実験結果のみから厳密に導かれたものではなく、別の機構、例えばチロシナーゼにアロステリック制御（酵素の特定部位に特定の分子が結合することで酵素活性が失われる機構を通じた酵素活性の制御）をもたらす機構が存在しているなどの可能性を除外するものではない。

　しかし、今日においてこのモデルメカニズムに反する例は報告されておらず、むしろこれを裏付ける結果が報告されている[50]。チロシナーゼがチロシンに作用した際にドーパが生成していること自体はよく知られていた。ドーパがチロシン酸化の直接的な生成物であるかどうかは、長らく統一的な見解が得られていなかったが、ドーパはむしろ間接的に生成している可能性が高いことを示した実験が報告された[50]。チロシンによく似た構造を有する *N, N* –ジメチルチラミン（*N, N* -dimethyltyramine）をチロシナーゼ存在下で酸化し、酸素消費量を調べたところ基質量の1.0倍であったため、ドーパのようなカテコールが生成していないことが示唆された。

　この結果は *N, N, N* –トリメチルチラミン（*N, N, N* -trimethyltyramine）を用いた場合も同様だった。これらの分子が用いられた理由は、アミノ基に立体障害の大きな置換基を持たせておくことで、メラノジェネシスに見られるような分子内環化反応を防ぐためである。つまり、環化反応が起こらない条件では基質量の0.5倍に相当する酸素が消費されなくなったことになる。上述のように、この2:1の量論比で進む酸化反応はドーパなどの

カテコールの存在によって起こることが示唆されていたため、ドーパはドーパキノンが生成されることで間接的に生じたと解釈することができる。すなわち、チロシンなどのモノフェノールは、まずチロシナーゼによりドーパキノンなどのo-キノンに酸化され、o-キノンが環化反応を起こし、この環化物がまだ環化していないo-キノンに還元されることでドーパクロムなどのアミノクロムとともにドーパなどのカテコールが生成すると考えられる。

　ドーパキノンは380 nm 付近に固有の吸収波長極大を持つ分子である [51,52]。このようなo-キノンの化学的性質については上で述べたように古くから予想されてきたが、寿命が短すぎるために直接観測されることがなかった。チロシナーゼの酸化がドーパキノンの環化反応に比べて遅すぎるため、生成速度が消費速度を下回ることになり分光法などでドーパキノンを特定することができなかった。ドーパキノンの生成・消費を実験的に追跡し、速度論的な取扱いが可能になったのは、放射線パルス分解法（pulse radiolysis）と呼ばれる手法が確立したことが大きい。

　この方法では、臭化カリウムまたは（亜酸化窒素で飽和した）アジ化ナトリウム水溶液に水分子を電離させる、高エネルギーのパルスを照射することでヒドロキシルラジカルを発生させ、さらに連鎖的に臭化物イオンまたは窒素分子をラジカル化し、1電子酸化が可能な臭素分子ラジカルまたはアジドラジカルを生成させる。これにより起こる1電子酸化反応は非常に速く、ドーパキノンの生成に伴う380 nm 付近の吸収ピークを見ることができる（図1.6）。これを初めて示したのが、1984年に行われた M.R. Chedekel らによる実験である [53]。このように、メラノジェネシスの分析手法の発達に伴い、多くの過程を追跡することができるようになった。

　本節では、ユーメラニンのモノマー生成過程を解明すべく行われてきた研究を紹介した。メラニン生合成はチロシンから始まる。メラノサイトに発現しているチロシナーゼがチロシンの酸化反応を介助し、ドーパキノンを生成する。このドーパキノンが分子内環化反応を起こした場合はユーメ

1−4. ユーメラニンの生合成とその性質

$$H_2O \longrightarrow e^-_{aq} + {}^{\bullet}OH + H^+$$

$$e^-_{aq} + N_2O + H_2O \longrightarrow {}^{\bullet}OH + OH^- + N_2$$

$${}^{\bullet}OH + N_3^- \longrightarrow OH^- + N_3^{\bullet}$$

$$N_3^{\bullet} + QH_2 \longrightarrow N_3^- + QH^{\bullet} + H^+$$

$$2QH^{\bullet} \longrightarrow Q + QH_2$$

図1.6. パルス放射線分解法における反応の例

ここでは、（亜酸化窒素で飽和した）アジ化ナトリウム水溶液にパルスを照射したときに起こる反応を示している。QH_2、$QH^{\bullet}$、および Q は、それぞれカテコール（ドーパなど）、セミキノン（カテコールが持つ二つの OH のうちどちらかから水素原子が遊離したもの）、およびキノン（ドーパキノンなど）を表す。

ラニン合成経路をたどることになる。ドーパキノンの環化反応によって生成したシクロドーパはまだ環化していないドーパキノンと反応し、ドーパクロムとドーパを生成する。ドーパクロムは自発的に DHI に変換することもできるが、DCT などの因子の存在によって DHICA への変換が促進される。DHI と DHICA はさらなる酸化反応によってインドールキノンを経て互いに結びつき合い、ユーメラニンとなる（酸化的重合過程）。図1.4にここで述べた内容（およびフェオメラニン合成経路）をまとめている。

1-4. ユーメラニンの生合成とその性質
—モノマーの酸化的重合による色素生成—

1-4.1 モノマー間カップリングによる多量体分子の同定

本節では、DHI と DHICA の酸化的重合過程によってユーメラニンが形成される過程に関してこれまでに得られてきた知見を述べる。

この酸化的重合過程は、DHI および DHICA をそれぞれ対応する o-キノンに変換するカテコール酸化と、この o-キノンと残存する DHI および

DHICAが炭素—炭素間共有結合を作るモノマー間カップリングの2過程に分けられる（図1.7）。ここでメラノジェネシスの上流で生成されるドーパキノンが、カテコール酸化における酸化剤となり得ることが報告されている[54]。するとドーパキノンはチロシナーゼが介助するチロシンの酸化により生成されるため、ドーパキノンによるカテコール酸化はチロシナーゼ活性に依存することになる。しかしDHICAの場合、ドーパキノンによるカテコール酸化は非常に遅く、実際のメラノジェネシスに含まれる過程とは考えにくいと指摘されている[54]。ここで少なくともマウスの場合は、

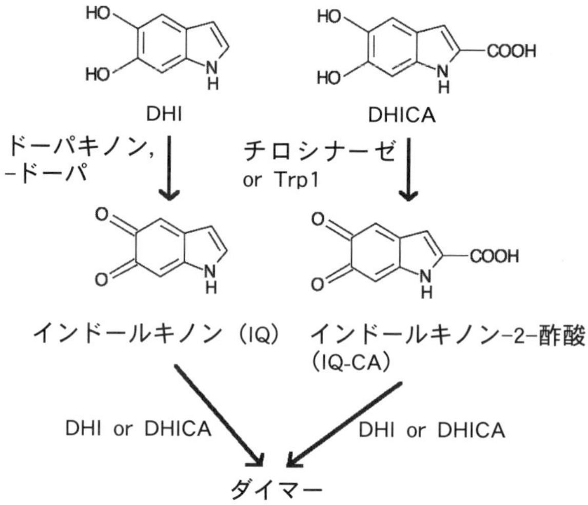

図1.7. ユーメラニン合成におけるモノマーの酸化的重合過程

DHIおよびDHICAのカテコール酸化によるインドールキノン（IQ）およびその2-カルボキシ誘導体（IQ-CA）生成と、モノマー間カップリングによるダイマー生成を示している。式中の矢印の脇に記した分子は反応物と反応する（または触媒として作用する）化学種を意味する。ただし、負の符号付きのものは反応において脱離することを示している。

1−4. ユーメラニンの生合成とその性質

チロシナーゼ関連タンパク質である Trp1（ここでは、ヒトに発現した酵素についてはすべて大文字で示し、その他の生物種に発現した酵素については頭文字のみ大文字で示す）が DHICA の酸化を介助できることが示されている[55,56]。

さらにヒトの場合は、チロシナーゼが DHICA の酸化を介助する機能を有していることが示されている[57]。さらに近年、銅イオン（Cu(II)）が DHI および DHICA のカテコール酸化を促進させることが報告された[58]。モノマー間カップリングによって生じるダイマー分子は様々であり、これまでに DHI とそれに対応するインドールキノンの2、4、7位（図1.8）および DHICA とそれに対応するインドールキノンの3、4、7位（図1.8）が結合可能部位であることが示されてきた[59-64]。さらに、3、4分子が結合したトリマー、テトラマー（3、4量体）分子も報告され、2、3、4、7位が結合可能部位であることが理解された[62,65-67]。その他、ダイマー間の2位炭素間のカップリングは通常では起こりにくいが、Zn(II)、Ni(II)、Cu(II) イオンの存在下では促進されることが報告されている[59,64,68]。DHI と DHICA のヘテロダイマーは1993年に報告され、DHI の2位と DHICA の4位が主要な結合部位になることが示された[69]。

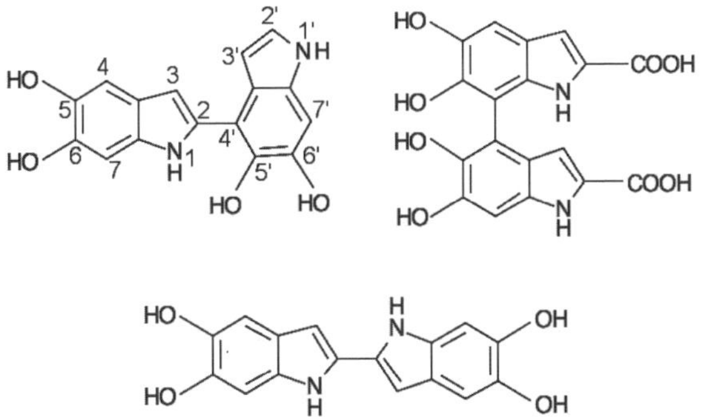

図1.8. ユーメラニン合成におけるモノマー間カップリングにより生じるダイマー分子の例

25

DHI の3位炭素を通じたダイマー生成は報告されていないが、上に述べたように2位がカルボキシ基になっている場合、すなわち DHICA の場合は3位炭素が相手 DHICA 分子の4、7位炭素と結合できるほか、2位がメチル基になっている場合でも3位での結合が報告されている[70]。

関連する事項として、ユーメラニン構造が経時変化して3位炭素に結合が生じる点が挙げられる。ジュラ紀のイカ墨袋の化石に含まれるメラニンを1-2節で述べた化学分解により分析したところ、通常よりも多くのピロール-2,3,4,5-四酢酸（pyrrole-2,3,4,5-tetracarboxylic acid: PTeCA）が検出された[71]。PTeCA は DHICA 由来のマーカー分子である PTCA の4位炭素がカルボキシ基を持った構造であり、DHI もしくは DHICA の3位に炭素—炭素間共有結合が存在していることを示唆している。このような経時変化を再現するためにユーメラニンを長時間加熱して化学分解による分析を行った実験から、PTeCA の生成が確かめられている[72]。

1-4.2　モノマー重合・メラニン構造モデルの理論的研究

このように、実験から DHI または DHICA のホモオリゴマー（同じ分子間の結合により形成される多量体分子）としてはテトラマーまで、ヘテロオリゴマー（異なる分子間の結合により形成される多量体分子）としてはダイマーまで明らかになった。しかし、これらのカップリング反応がどこまで進行し、その反応性がどのように変化していくかといったことは現在でも未解明な点が多い。このため、様々な DHI または DHICA を構成要素とする多量体の構造とその物性について理論計算に基づいたアプローチの研究がなされてきた。

初期の理論的研究では、ユーメラニンのモデルとして、DHI や5,6-インドールキノン（IQ）がモノマー間カップリングを通じて高分子（繰り返し単位間の共有結合により分子量が数千から数万程度になった巨大分子）を考えるものが多かった。H.C. Longuet-Higgins はこのようなモデルでは、モノマーの主成分が還元型である DHI の場合はユーメラニンは p 型半導

1−4. ユーメラニンの生合成とその性質

体のように振る舞い、酸化型である IQ の場合は n 型半導体のようになる
はずだと主張した[73]。

　DHI も IQ も電子配置が閉殻構造になっているため、これらのみがユー
メラニンを構成した場合、バンド理論を素朴に適用しても、基底状態にお
いて自由な伝導キャリア（電子・ホール）の存在は導かれない。電子スピ
ン共鳴（Electron Spin Resonance: ESR）を用いた実験より、メラニンが常
磁性を示すことが明らかにされたため、メラニンを構成するモノマーの一
部は不対電子を有することが分かった[74]。DHI を1電子酸化することによ
り得られるセミキノン（SQ）は不対電子を持つため、これらがユーメラ
ニン中に一部含まれることで、伝導キャリアが発生すると考えることがで
きる。

　A. Pullman と B. Pullman は Hückel 法（または強束縛近似法）により、
IQ と IQ の3-7位炭素間結合を考えたダイマーの分子軌道計算を行った[75]。
その結果、ダイマーを作る際に IQ の最低空軌道（Lowest Unoccupied
Molecular Orbital: LUMO）同士が結合性軌道を作ることにより最高被占軌
道（highest occupied molecular orbital: HOMO）と LUMO のエネルギーギ
ャップ（HOMO-LUMO ギャップ）が小さくなることが示された。これに
より、IQ が多量化されるとギャップがより小さくなり、容易に還元され
て伝導電子の付与が起こると考えられた。

　しかし、実際に同じ結合部位で IQ を周期的に結合させた1次元高分子の
バンド計算を行った研究から、多量化によりむしろバンドギャップはダイ
マーの時より大きくなることが示された[76]。さらに、（少なくとも3-7位
間結合の場合は）SQ の1次元高分子が、IQ のものよりもバンドギャップが
小さくなり、還元型である DHI の1次元高分子は IQ のものよりもバンド
ギャップが大きくバンド分散が小さいことが示された[77]。

　このようにこれらのほぼ無限にモノマーが結合した高分子のモデルが仮
定されてきたが、このモデルはメラニン（のディスク成形体）をシンクロ
トロン放射光を用いた X 線回折により分析した結果とは整合しなかっ

た[78.79]。

　得られたメラニンの X 線回折パターンをよく再現するメラニンの構造
モデルは、4〜5個程度のモノマーが平面状に結合した比較的小さなオリゴ
マーが4層程度 π-π スタッキングにより積層しているといったものであっ
た[79]。このモデルはのちに走査型トンネル顕微鏡（Scanning Tunneling
Microscopy: STM）を用いた実験により支持されることとなった[80]。その
ため、メラニンは複数の異なるオリゴマーが集まったアモルファス状の構
造を持つという化学無秩序（chemical disorder）モデルが、徐々に受け入
れられていくことになった[81]。ただし提案された平面状のオリゴマーに
ついては未だに実験から単離されておらず、本節に述べたように得られて
いるのは1次元的なオリゴマーのみである。

　DHI と IQ のモノマーについて、のちに密度汎関数理論（Density Functional
Theory: DFT）[82.83] に基づいた第一原理計算が行われ、電子励起エネルギー
が計算された[84.85]。その結果、IQ は DHI に比べて低エネルギーで電子励
起可能であることが確かめられた。また、DHICA についても様々な酸化
状態（キノン、セミキノン、インドールキノン）について第一原理計算が
行われ、HOMO-LUMO ギャップが酸化状態によって変化すること、DHI
と近い電子構造を持つことが示された[86]。さらに、DHICA のダイマー分
子の電子状態計算から、モノマーの電子励起エネルギーと比べてダイマー
はレッドシフトしていることが示された[87]。

　これらの研究から、ユーメラニンを構成するモノマーの HOMO-LUMO
ギャップは様々な値を取ることが示唆され、化学無秩序モデルと併せて考
えると、様々なモノマーに起因する光吸収の重ね合わせが吸収スペクトル
に影響を与えるため、ユーメラニンが可視から紫外領域にかけて幅広い、
なだらかな光吸収を示すことが説明できる[81.87]。

　H. Okuda らは J.S.M. Anderson らが考案した汎用反応性指標（general-
purpose reactivity indicator）[88.89] と呼ばれる指標を用いて、DHI とそのダ
イマーの反応性を計算した[90]。これは静電的な相互作用と電荷移動を伴

う相互作用の両効果を考慮したもので、電子状態計算の結果を解析して得られる原子電荷と凝集 Fukui 関数（分子内の総電子数変化に対する各原子電荷の変化率に負の符号を付けたもの）[90,91] を用いて計算されるものである。計算結果から、これまでに単離されてきた2〜4量体と矛盾しないこと、反応は主に電荷移動を伴う相互作用が支配的であること、DHI の2位炭素が高い反応性指標を持つこと、そして4量体生成が3量体生成に比べて起こりやすいことなどが示された[90]。

　本節では、ユーメラニンの酸化的重合過程と構造モデルに関する研究について解説した。ユーメラニン形成は非常に複雑な過程であり、分析も困難であるため未だに明らかにされていない点も多いが、実験と理論計算の両面から長年研究されてきた結果、フェオメラニンに比べると非常に多くの知見が得られていることが分かる。

1–5. フェオメラニンの生合成過程
―システインとの結合後の反応過程―

　チロシンの酸化によって生じたドーパキノンは細胞内に存在するシステイン（cysteine）などのチオール（R−SH）と反応可能である（図1.4）。このようなチオール結合においては、ドーパキノンの5位炭素もしくは2位炭素が有する水素がシステイン（などのチオール）の硫黄に置換され、それぞれ5-S-システイニルドーパ（5-S-cysteinyldopa）、2-S-システイニルドーパ（2-S-cysteinyldopa）を生じる（両方が置換されたシステイニルドーパも生じる）[93]。これらのシステイニルドーパをパルス放射線分解法により酸化して吸収スペクトルの変化を追跡したところ、すぐにシステイニルドーパの310 nm 付近（硫黄の結合部位によってピークは少しシフトする。以下も同様に大まかな値を述べる）に吸収極大を持つピークが減衰し、代わりに380 nm 付近にピークが現れ、その後このピークは減衰し330 nm および540 nm 付近に二つのピークが現れた[94]。

380 nm 付近のピークは *o* -キノンに特徴的であるため、システイニルドーパキノン（cysteinyldopaquinone）が生成したと考えることができる。システイニルドーパの消費速度は、システイニルドーパ濃度と、その酸化により生じる380 nm 付近に吸収極大を持つ分子（システイニルドーパキノンと考えられる分子）の濃度のそれぞれに比例していた[94]。さらに、この380 nm 付近に吸収極大を持つ分子は自身の濃度に比例する速度で消費されていき、それに伴って330、540 nm 付近の吸収極大を示す分子を生じる[94]。ここで330 nm 付近のピークは数十秒間安定であったが、540 nm 付近のピークは不安定であり、1次反応的な減衰が認められた。ここから、図1.9に示すような反応スキームが提案された。

　まず、システイニルドーパは酸化反応によりシステイニルドーパキノンに変換され、システインが有しているアミノ基窒素が *o* -キノンのカルボニル基（C=O）の炭素と結合を作って環構造を作ると考える（その際、カルボニル基の酸素はアミノ基窒素に結合した二つの水素と共に水分子になって脱離する）。このようにして生成したキノンイミン（quinoneimine）体が540 nm 付近の吸収波長極大を示す分子であると考える。このキノンイミンがプロトン転移を経て1,4-ベンゾチアジン（吸収極大 330 nm 付近）に変換され、それがフェオメラニンのモノマーとなり、酸化的重合を起こすと考える。

　キノンイミンへの変換が起こっていることはのちにより直接的な形で実証された[95]。すなわち、キノンイミン体の還元体である3,4-ジヒドロ-1,4-ベンゾチアジン-3-酢酸(3,4-dihydro-1,4-benzothiazine-3-carboxylic acid: DHBTCA) をパルス放射線分解で酸化して得られる吸収スペクトルが、システイニルドーパの酸化において見られたものと同様の、540 nm 付近のピークを示したことがキノンイミン体生成を裏付けた[95]。なお、システイニルドーパの2次反応的な減衰は、キノンイミンの一部が残存しているシステイニルドーパにより還元されて DHBTCA に変換される反応を考えれば説明できる。これはのちの HPLC 分析により裏付けられ（システイ

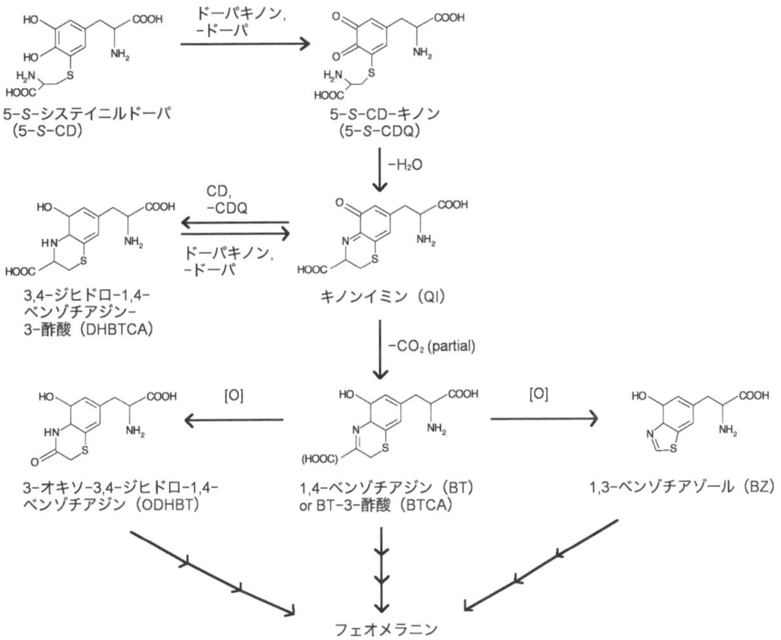

1-5. フェオメラニンの生合成過程

図1.9.　フェオメラニンのモノマー（1,4-ベンゾチアジン、1,3-ベンゾチアゾール、3-オキソ-3,4-ジヒドロ-1,4-ベンゾチアジン）生成反応
式中の矢印の脇に記した分子は反応物と反応する（または触媒として作用する）化学種を意味する。ただし、負の符号付きのものは反応において脱離することを示している。また、[O] は酸化剤を意味する。括弧付きのCOOHは、反応分子のうちカルボキシ基を保持するものと水素に置換されるものの2種が見出されることを意味する。

ニルドーパの酸化は自身の濃度に依存していた）、DHBTCA への変換も確かめられたため、キノンイミンと DHBTCA が平衡関係にあると指摘された[96]。1,4-ベンゾチアジンの存在はのちに（重水素置換した）水素化ホウ素ナトリウム還元を利用した実験から確かめられ、システインのα位において脱炭酸を起こしているものと、カルボキシ基を保持しているものの2種類が確認された[97]。
　フェオメラニンの吸収スペクトルを調べると、300 nm 付近に大きな吸

収を持ち、長波長に向けて減衰していくことが示された[98]。ベンゾチアジン自体は330 nm付近に吸収を持っているが、ベンゾチアジンがさらに、300 nm付近に吸収極大を持つベンゾチアゾール（1,4-ベンゾチアジンから炭素が一つ分欠落した5員環を持った構造の分子）や3-オキソ-3,4-ジヒドロ-1,4-ベンゾチアジン（3-oxo-3,4-dihydro-1,4-benzothiazine: ODHBT）に変換され得ることが指摘されたため、フェオメラニンはベンゾチアジン、ベンゾチアゾールおよびODHBTをモノマーとする色素と考えられる[98]。ドーパとシステインの両分子が存在する状況でチロシナーゼを用いてドーパを酸化させてできるフェオメラニンを化学分解法で分析した実験から、反応時間に伴ってDHBTCAは中間体として途中まで蓄積されること、ベンゾチアゾール由来のマーカー分子（TTCA）が増加すること、そしてODHBTは少量であるが生成していることが確認された[99]。

　チロシナーゼはチロシンやドーパなどの酸化に触媒作用を示すため、システイニルドーパの酸化にも関係している可能性も除外できないが、フェオメラニン生成はチロシナーゼ活性が低い場合に起こりやすいため、主要な因子とは考えられていない[100]。

　ドーパとシステイニルドーパの両分子が存在している状況で、パルス放射線分解を行ったところ、通常より速くドーパキノンに対応する380 nm付近のピークが減衰したため、ドーパキノンがシステイニルドーパの酸化剤となっていることが指摘された[100]。また、DHBTCAはチロシナーゼではなく、ドーパキノンによって酸化される性質があることが示された[99]。これより、ドーパキノンがフェオメラニン合成における重要な酸化剤としての役割を持っていることが明らかになった。

　実験において用いられてきたシステイニルドーパの酸化剤の中には金属イオンを含んでいるものもあったが、金属イオン自体がフェオメラニン合成に重要な影響を与える点が指摘されている。Zn(II)はキノンイミンから1,4-ベンゾチアジンへの転換の際に脱炭酸を抑制する一方[101]、Cu(II)およびFe(III)はキノンイミンの脱炭酸を促進する効果があることが明らかにな

った[102]。また、Fe(III)の存在下では、ベンゾチアゾールが多く生成することが確かめられた[102]。これらの金属イオンはメラノソーム内に比較的多く含まれているイオンであり[103,104]、フェオメラノジェネシスにおける脱炭酸の有無の分岐に関係している因子であると考えられる。

　本節ではフェオメラニン合成に関して明らかにされてきた知見を紹介した。これらの研究が、図1.9にあるような反応の全体像を確立させることとなった。本書の第3章では、最初期の過程であるシステイニルドーパ生成に焦点を当てて、その反応機構の解明を中心に議論する。

1-6. メラニン化学とメラノサイト特異的細胞毒性

1-6.1 p-置換フェノールがメラノサイトに与える影響

　メラノサイトに発現したチロシナーゼは比較的基質特異性が低いため、メラノジェネシスの出発物質であるチロシンやドーパだけでなく、それに類似するフェノール・カテコールを基質として認識する。これにより、ドーパキノンに類似した様々なo-キノンを生成するメラノジェネシス類似反応を引き起こす。

　具体的には、4-$tert$-ブチルフェノール（4-$tert$-butylphenol: 4-TBP）、モノベンゾン、4-S-システアミニルフェノール（4-S-cysteaminylphenol: 4-S-CAP）、ロドデンドロール（rhododendrol: RD）などのp-置換フェノールはマッシュルームチロシナーゼの基質となることが確認されている[105-108]。4-TBPとRDについてはヒトチロシナーゼによる酸化反応が確かめられている[105,109]。これらのフェノール類の酸化によって生じるo-キノンは上述のように求核剤（自身の電子対を用いて結合を作る性質を持った化学種。有機化学ではプロトンに対する反応性を塩基性、炭素に対する反応性を求核性と区別することが多い）に対する反応性が高く不安定なため、細胞毒性などへの影響が示唆されてきた。

　これまでに、これらのフェノールがある濃度以上ではメラノジェネシス

を阻害するのに加えて、メラノサイトに特異的な細胞死を与えることが示されてきた。このようなフェノール類は皮膚の漂白・美白効果のみならず、色素異常症に見られるような白斑を与える効果もあるといった二面性を持っている。

　これらのフェノール化合物が与える細胞毒性（細胞傷害性）とそれらの応用について、これまで様々な研究がなされてきた。4-TBPとモノベンゾンは尋常性白斑によく似た脱色素効果をもたらすことで有名な物質である。尋常性白斑患者のまだらに色素が抜け落ちた病変部に対して、モノベンゾンを投与することで均一に肌を白くする脱色素療法が現在実際に行われている[110]。

　4-TBPやモノベンゾンをメラノサイトに投与した実験からは、酸化ストレス応答および小胞体ストレス応答（unfolded protein response: UPR）の誘導、ならびに炎症性サイトカイン発現の上方制御が示された[111]。これらは、ROSの発生による小胞体ストレスの亢進を経た、自己免疫応答の活性化を示唆するものである。また、4-TBPはメラノサイトのアポトーシス（細胞死の形式の一つ。カスパーゼと呼ばれる酵素が活性化される経路を経て、DNAの断片化をたどる計画的な細胞の自殺）を誘導するのに対し[112]、モノベンゾンはネクローシス（細胞死の形式の一つ。アポトーシスとは対照的に、明確に制御された機構を持たず、細胞の膨張・破裂などを伴って死に至る）を誘導することが示されている[110]。さらにモノベンゾンをメラノーマに投与した実験からは、メラノソームのオートファジー（細胞が内部で隔離された膜区画を作って、その中で自身のタンパク質を分解する作用）やチロシナーゼのユビキチン化（ユビキチンと呼ばれるタンパク質が標的タンパク質に結合すること。これによりプロテアソームと呼ばれるタンパク質分解酵素の分解作用を受けることになる）の誘導、メラノーマ抗原（melanoma antigen recognized by T cell 1: MART−1）などを含んだエクソソーム（細胞が分泌する膜小胞の一種）の分泌、樹状細胞（抗原提示細胞）の活性化、CD8+ T細胞（表面にCD8と呼ばれる分子を発現

1-6. メラニン化学とメラノサイト特異的細胞毒性

した、抗原特異的な免疫反応を行うT細胞)のメラノーマに対する活性の誘導が確認された[113]。これらは、モノベンゾンがメラノソームに含まれるチロシナーゼなどのタンパク質と相互作用することで、新抗原を生成し、(樹状細胞での交差抗原提示による)細胞傷害性T細胞(cytotoxic T cell)への分化がもたらされることを示唆するものである。

4-S-CAPとその誘導体は抗メラノーマ剤の候補として研究されてきた。N-プロピオニル-4-S-CAPをメラノーマに投与した実験では、細胞成長の抑制とROSの上昇、アポトーシスの活性化が確認された[114]。さらに、マウスに移植したメラノーマでも細胞成長の抑制効果が確認され、TRP2特異性のCD8$^+$T細胞の増加が認められるなど、自己免疫応答の誘導による細胞死をもたらす効果が示された。

RDは我が国において美白剤の有効成分として用いられていたが、2013年に皮膚がまだらに白くなる尋常性白斑に類似した副作用を生じる例が報告され、RD含有美白剤は回収される事態となった。RDの投与されたメラノサイトの生存率は投与量の増加とともに減少することと、アポトーシスとUPRの誘導を伴うことが示された[115]。また、チロシナーゼにより酸化されてからの反応経路において、スーパーオキシドラジカルを生成する過程が存在することも示された[108]。

1-6.2 o-キノンとメラノサイト特異的細胞毒性との関係

これらの細胞毒性の原因の一つとして、いずれも投与したフェノールの酸化反応により生成したo-キノンのチオール結合が考えられる(ただし、4-TBPの細胞毒性についてはチロシナーゼ活性との相関が見出されていない[112])。o-キノンはシステインやグルタチオン(GSH)、およびシステイン残基を有するタンパク質などの細胞内チオールと反応することができる。GSHは抗酸化剤として働く(例えば、過酸化水素と反応し、水に変換する)ので、o-キノンによってGSHが枯渇し、細胞内の酸化ストレスが上昇する。酸化ストレスの上昇により小胞体ストレスが亢進し、アポトーシスなどの

誘導が起こり得る。

　さらにメラノサイト内の過酸化水素の濃度上昇は、チロシナーゼの酵素活性の上方制御を誘導し[116]、さらなるo-キノン生成の加速をもたらす可能性がある。また、RDの酸化により生じるo-キノン（RD-キノン）は、システインの結合を介して色素（RD-フェオメラニンと呼ばれる）を形成することが報告されている[117]。フェオメラニンは光吸収による励起状態を介してROSを生じるなどの、酸化促進剤（pro-oxidant）としての振る舞いが報告されており、酸化ストレスに影響すると考えられる[118-120]。

　上述したように、酸化ストレスによる細胞死のみならず免疫応答の重要性が指摘されてきた。免疫系を刺激するという観点からは、生成するo-キノンがシステイン残基を介してタンパク質と結合するという性質が重要である。尋常性白斑のメカニズムを統一的に説明するものとして、「Haptenation theory（ハプテン化理論）」が提唱されている[121]。これは、生成したo-キノンがメラノサイトに発現しているタンパク質と結合することで、そのペプチド断片などが抗原として認識されるようになり、免疫反応が誘導される点に着目したものである。このように、大きな分子に結合することで自身にはない抗原性を誘導することができる小さな分子をハプテン（hapten）と呼ぶ。タンパク質との結合後はユビキチン化を経て、プロテアソームおよびオートファジーによる分解などが考えられ、ここで分解されたペプチド断片などが新抗原として、メラノサイト表面上で主要組織適合性複合体（major histocompatibility complex: MHC）クラスI分子により提示される経路、もしくはエクソソームなどに取り込まれて分泌される経路が考えられる。さらに樹状細胞やランゲルハンス細胞（Langerhans cell）のような抗原提示を担う細胞が、エクソソームなどの分泌物を取り込んで活性化されて、リンパ節へこの新抗原を運び、細胞傷害性T細胞の増殖と活性化をもたらし得る。

　また、4-TBPやモノベンゾン、RDはUPRの活性化をもたらすことが報告されていたが[122]、その後に（樹状細胞などから）分泌される炎症性サ

イトカインのインターロイキン6（interleukin 6: IL-6）は制御性T細胞（regulatory T cell）による免疫抑制を阻害することが知られており[123]、尋常性白斑などの病変部拡大に影響すると考えられる。

このように、メラノジェネシス類似反応において生成する化学的に不安定なo-キノンは、細胞毒性のソースとしても注目されていることが分かる。上述のように、この細胞毒性は尋常性白斑の脱色素療法への応用（モノベンゾン）や、まだ研究段階ではあるが抗メラノーマ剤（N-プロピオニル-4-S-CAPなど）への応用が検討されている。一方、RD含有美白剤のように、この細胞毒性が意図しない形で作用し、副作用を生じるなどの問題が起こっている。メラニン化学の知識をこのような医学上の問題に応用するには、o-キノンの反応性と細胞毒性の関係をより明確化・体系化していく必要がある。しかし、o-キノンはその短い寿命のため、反応機構の十分な理解が得られていない。

メラニン化学を原子・電子スケールで理解することは、o-キノンの反応性を予言するための足がかりを得るための重要な一歩である。

1-7. 本書の目的および内容

メラニンはユーメラニンとフェオメラニンの混合色素であり、特にユーメラニンはDHIとDHICAの酸化的重合によって形成される。

本章の1-2節では、このユーメラニン／フェオメラニンの比とDHI/DHICAの比が定量可能な量であり、メラニンの化学組成を定義付けることを説明した。さらに、1-3節ではチロシナーゼを介したチロシンやドーパの酸化により、不安定なドーパキノンと呼ばれる分子が生じ、自発的な環化反応をきっかけに生じるドーパクロムを経てDHIおよびDHICAに変換されていることを説明した。また、1-5節ではドーパキノンはシステインなどのチオールと結合することによりフェオメラニン生成経路に移行することを説明した。そして、1-6節ではチロシン・ドーパに類似したフェノー

ル・カテコールはチロシナーゼに基質として認識され、ドーパキノンに類似したo-キノンを生成するメラノジェネシス類似反応を引き起こすことを説明した。

これらメラノジェネシス類似反応を自在に操ることができれば、1-1節で述べたようなメラニンの光電子物性・生分解性に着目したエレクトロニクス・組織工学などへの応用を、より幅広いものにすることができる。また、メラノサイトに投与された薬剤の副作用を予測するためには、1-6節で述べたメラノジェネシス類似反応の反応性と細胞毒性の関係を理解することが必要である。

メラノジェネシス（類似）反応はその反応過程の中に枝分かれのある反応、すなわち分枝反応を含んでいる。例えば、ドーパキノンは環化とチオール結合が競合過程になっており、どちらが選択されるかによって生成物（ユーメラニンもしくはフェオメラニン）が変わってくる。また、ドーパキノンの環化後に生じるドーパクロムは脱炭酸を起こした場合 DHI を生成し、脱炭酸を経由しない場合 DHICA を生成する。これらの分枝反応はメラニンの化学組成（ユーメラニン／フェオメラニン比およびユーメラニンの DHI/DHICA 比）を決定づける重要な反応である。これまでにこれらの分枝反応の反応間競合に影響を与える因子が調べられてきたが、分枝が起こるメカニズムは明らかにされていない。さらに、メラノジェネシス類似反応系に含まれる分枝反応における反応間競合の全容は未開拓領域であり、それらを予測するための理論的基盤の確立が必要である。

本書では、メラニン合成の中でも特に生成するメラニンの性質を決定づけると考えられる2種類の分子の反応を取り上げ、その反応機構や反応性に影響する因子について研究を紹介する。

一つはユーメラニンを構成する2種類のモノマー生成を担う、ドーパクロム変換である。もう一つはユーメラニン／フェオメラニン生成の分かれ目となる、ドーパキノンの反応である。これら二つの反応が、原子レベルでどのように進行し、どのような化学的因子に影響を受け得るのかを一般

1-7. 本書の目的および内容

的な観点から説明を与えることを主な目的とする。さらに、ドーパキノンに類似したo-キノンの反応についても触れ、ドーパキノンと比較を行うことで、一般的な観点からメラニン化学を理解することを目指す。

第2章ではドーパクロム変換に対して行った研究[124,125] を説明し、第3章ではドーパキノンや様々なo-キノンのたどる反応について研究した内容[126-128] を説明する。第4章で本書の内容を総括し、今後の展望について述べる。

2. ドーパクロム変換の反応機構解析

2-1. はじめに

2-1.1 ドーパクロム変換に関する研究背景

　ドーパクロム変換はユーメラニンのモノマーである DHI と DHICA を生成する反応であるため、生成されるユーメラニンの性質を最も直接的に決定づける反応である。ユーメラニンは紫外線から皮膚、毛髪などを防御するだけでなく、細胞内に発生した ROS を除去する役割を担っている可能性が指摘されてきた[129-131]。この抗酸化作用はユーメラニンに含まれる DHICA ユニットに由来することが示されている。さらに単独の DHICA 分子やそのメトキシ誘導体も、抗酸化作用などの生理的に重要な作用をもたらすことが確認された[132,133]。これらの実験結果はドーパクロム変換制御およびそれによる DHICA 生成の生理的重要性を示唆するものである。

　これまでにドーパクロム変換を制御し得る因子は様々に報告されてきた。ドーパクロムは常温・常圧・無酵素・生理的 pH（7.4付近）条件下ではその95％以上が DHI にゆっくりと（速度定数4.0×10^{-4} s^{-1}）、しかし自発的に変化する。この傾向は主に、pH や共存する金属イオンの種類およびその

濃度、そして酵素 DCT の活性によって変化することが知られている。

　P. Muneta は、ジャガイモから単離したチロシナーゼ類似酵素を用いてドーパクロム変換速度の pH 依存性を吸光光度法で調べた[134]。その結果、中性条件（pH 7.0）の方が弱酸性条件（pH 5.0）より速くドーパクロム変換が進行していることを発見した。この結果は S. Ito らが行った化学実験により再現された[58]。Ito らは pH 7.3 における速度定数が pH 5.3 のものと比べ、4.6 倍になっていることを示した。また、化学分解法による分析結果から、この pH 領域では DHI/DHICA 比に影響を与えないことを示した。生理的環境に見られる pH 条件下ではないが、極端な酸性・塩基性条件下では DHICA 生成が有利になるという報告例もある。

　ドーパクロムを初めて同定した H.S. Mason は pH 1.3〜2.0 では DHICA の選択的生成がみられることを指摘した[35]。L. Stravs-Mombelli と H. Wyler は pH 13 において DHICA 生成が有利になることを示した。K. Wakamatsu と S. Ito の行った実験によりこの結果が再現され、さらに DHICA/DHI 比が 12 になることが示された[34]。A. Palumbo らは金属イオンがドーパクロム変換に与える影響を調べた[135]。扱われた金属イオンは、Fe(III)、Al(III)、Ca(II)、Mn(II)、Zn(II)、Co(II)、Ni(II) および Cu(II) である。これらの金属イオンは皆ドーパクロム変換に触媒作用を示し、その反応速度は加えた金属イオンの濃度に比例した。その中でも特に活性が高かったのが Cu(II)、Ni(II)、Co(II) である（活性が高い順）。しかも、これら 3 種類の金属イオンはドーパクロムを DHICA に選択的に変換させていることも明らかになった。

　Zn(II) 単独ではドーパクロム変換に対する触媒作用は非常に弱かった。DCT に含まれている金属イオンが Zn(II) であったことを考えると、これは少し意外なことである。Cu(II) についての結果は Ito らにより再現され、さらに Cu(II) は生成された DHI および DHICA の酸化反応による重合過程にも寄与し、生成するメラニンの DHICA 組成を上昇させる効果が示された。Cu(II) は比較的メラノソームに多く存在している金属イオンなので[103,104]、

ユーメラニンの DHI/DHICA 比が DCT のみならず Cu(II)にも大きく影響を受けている可能性がある。Palumbo は Cu(II)と Dct(マウスメラノーマ由来)のドーパクロム変換への触媒作用の強さを比較した実験を行った[136]。その結果、Dct のほうが Cu(II)よりも高い触媒能を有していることが明らかになった。

　上述の実験結果から、ドーパクロム変換を制御し得る主な因子はメラノソーム内の pH と DCT の酵素活性であり、Cu(II)は補助的に寄与しているものだと考えられる。しかし、DCT の活性と生成するユーメラニンの DHI/DHICA 比の関係については、単純でないケースも報告されている。S. Commo らは45歳以上の年齢の人の毛包メラノサイトが、人種によらず *DCT*(ここでは遺伝子名を、対応するタンパク質名のイタリック体で表記する)の mRNA 発現をほぼ完全に欠いていることを示した[137]。ところが、これらのサンプル由来のメラニンは比較的高い DHICA 組成値(33〜45%)を示したため、DCT に頼らずドーパクロムを DHICA に変換させる機構が存在することを明確に示している[138,24]。すなわち、メラノソーム内の Cu(II)が DCT を補うような形で DHICA の生成を促進している可能性が高いことが明らかになった。

　DCT が DHICA の選択的生成を可能にしている理由は、比較的自然なモデルメカニズムで説明できる。DCT はその鋭敏な立体特異性から、ドーパクロムの(キラル炭素と結合した)カルボキシ基を認識することができる部位が存在することが示唆されており[46]、その部位がカルボキシ基と相互作用することによって脱炭酸が抑えられていると考えれば、DHI 生成が抑えられることになる。ところが、Cu(II)などの金属イオンが単独で選択的な DHICA 生成を実現している理由は明確でない。Palumbo らはドーパクロムのキノノイド部位に金属イオンがキレートされることにより DHICA 生成が起こっていると説明しているが、そのような錯体構造が DHICA 生成に有利であるかどうかは不明である。また、pH によるドーパクロム変換速度の変化がどのようにして起こっているかも同様に明確でな

い。酸性 pH で反応速度が減少するのは、ドーパクロム変換における脱プロトン化反応が抑制されたからだと考えられる。しかし、C.J. Vavricka らはドーパクロム変換速度が、同じ pH であっても緩衝溶液の濃度に正の相関を示すことを明らかにした [139]。また、緩衝溶液の種類によっては DHICA 生成を促進するものがあることを明らかにした。

これらの結果は pH 値以外に重要な別の因子が存在することを示しているといえる。また、強酸性および強塩基性下で DHICA が生成される原因も明らかになっていない。ドーパクロム変換は分子内プロトン移動を介して進行していく反応であるが、プロトンの原子レベルでの挙動を実験的に調べるのは困難である。ドーパクロム変換の反応機構に迫った数少ない例が、M. Sugumaran らの行った実験である [140,43]。Sugumaran らはドーパクロムをエステル化することで脱炭酸を人工的に防いだ。これにより、通常では観測されない中間体を HPLC 分析から同定し、中間体がキノンメチド構造を有していることを明らかにした。Sugumaran らは無酵素条件下および DCT 存在下の両条件において同様の中間体を検出したが、金属イオン存在下の反応機構は調べていない。このように、ドーパクロム変換の反応機構に関する現在の知見は現象論的であり、DHI 生成が通常有利であることや、DHICA 生成が金属イオンなどの存在下で有利になることの本質は分かっていない。

2-1.2　ドーパクロム変換の反応素過程の解析

このような実情に鑑み、pH および金属イオンがドーパクロム変換に与える影響を調べて上述の疑問に答えるため、第一原理計算に基づいた反応機構解析を行う。

対象金属イオンとして、最もドーパクロム変換を強く促進し、メラノソーム内にも豊富に存在する Cu(II) を扱う。ドーパクロム変換には主に三つの重要な反応素過程が存在し得る（図2.1）。一つは α-脱プロトン化であり、これは DHICA 生成が起こるために必要な過程である。もう一つは β-脱

プロトン化であり、キノンメチド中間体の生成に対応している。そして、DHI 生成に必要な反応素過程が脱炭酸である。これらの活性化障壁を計算し、比較することでドーパクロム変換がどのような機構で進んでいくのかを論ずる。

2-2節においては採用する計算手法や計算するモデル構造などについて、2-3節ではドーパクロム変換の反応機構の解析結果を述べ、pH と金属イオン（Cu(II)）の影響について考察し、2-4節で明らかになった反応のスキームをまとめる。計算結果から、次のような知見が明らかになった。

Cu(II) の存在の有無にかかわらず、反応は（少なくとも中性 pH 付近で）β-脱プロトン化から始まる。Cu(II) がキノノイド部位の5、6位酸素に配位した状態では、α-脱プロトン化、β-脱プロトン化および脱炭酸の活性化障壁がすべて減少する。

Cu(II) の存在しない条件下では、解離したプロトンが5位酸素へ再度プロトン化することで準安定なキノンメチド中間体ができる。このキノンメ

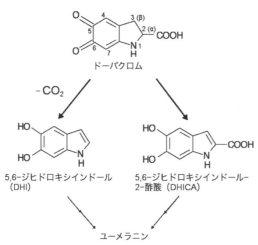

図2.1. ドーパクロムの DHI もしくは DHICA への変換
ドーパクロム分子の位置番号は命名法に倣った。

チド中間体は反応の初期状態に比べ、脱炭酸またはα-脱プロトン化の活性化障壁の値が大幅に減少する。キノンメチド中間体の6位酸素がさらにプロトン化された場合、脱炭酸の活性化障壁の値が特異的に減少し、DHI形成が起こりやすくなる。塩基性 pH ではこの6位酸素へのプロトン化速度が低下し、α-脱プロトン化速度は上昇するため、DHICA 生成に有利であることが分かる。

Cu(II)がキノノイド部位の5、6位酸素に配位した状態では、むしろカルボキシラート基へプロトン化した状態がエネルギー的に安定な反応中間体となる。その結果、必然的に脱炭酸が抑制されて DHICA 生成が選択的に起こる。Cu(II)の存在の有無にかかわらず、律速段階となっているのはβ-脱プロトン化であり、塩基性 pH がドーパクロム変換を加速する実験結果を支持する。これらの計算結果から、DHICA の生成にはキノノイド部位の5、6位酸素がプロトン化から守られていることが重要であることがいえる。これにより、ドーパクロム変換を通じてユーメラニンのモノマー比がどのようにして調節され得るのかが、多角的かつ統一的視点から理解することができた。

2-2. 計算手法とモデル

密度汎関数理論[82.83]に基づいた第一原理計算を援用したシミュレーションを行った。すべての計算は、量子化学計算のパッケージとして広く用いられている Gaussian09 を用いた[141]。交換相関エネルギーの計算に混成汎関数である B3LYP を用い[142,143]、基底関数系として6-31++G (d,p) を用いた。原子電荷を見積もるために自然原子軌道（natural atomic orbital）解析を行った[144]。さらに、水溶液中の反応を議論するため連続誘電体モデル（Polarizable continuum model: PCM）を用いて溶媒である水との相互作用を記述した[145,146]。PCM は溶媒を連続誘電体と近似し、この中に空孔（溶質分子のファンデルワールス体積の約1.1倍の体積）を導入して溶質分子

を閉じ込めて、誘電応答のエネルギーを計算するモデルである。この空孔と誘電体の境界では、誘電率が不連続に変化（真空から水に媒質が変化する）ため、これに伴って境界の表面に見かけ上の表面電荷が現れることになる。この表面電荷と第一原理計算によって得られた電子密度との相互作用を計算することで溶媒和エネルギーを計算することができる。

　脱プロトン化反応素過程の活性化障壁を計算するために、C–H 原子間の結合距離が伸びていく方向に沿ったポテンシャルエネルギー曲線を算出する。結合距離は最安定構造の値から、0.05〜0.10 Å 程度の刻み幅で増加させていき、その都度構造最適化させてエネルギーを求めていく。計算過程において、脱炭酸の活性化障壁を計算する中で「急速な」カルボキシラート基の回転が何度か見られた。これは、脱炭酸を起こす方向に C–C 結合を離していくとドーパクロム本体と脱離していく CO_2 分子の間に定義される二面角が急激に（90°程度）構造最適化によって変化する現象である。この現象がみられた場合、この「急速な」回転が起こる直前の二面角を固定して計算を続けた。これは、分子運動を連続的に記述するための措置であるが、活性化障壁をわずかに過大評価し得る点に留意する必要がある。

　脱プロトン化などでは反応の進行に伴ってヒドロニウムイオン H_3O^+ が形成されるため、溶媒分子は誘電応答の担い手としてだけでなく反応に直接関与する因子として振る舞う。よって、PCM に加えて、各反応素過程の活性化障壁の計算時にのみ、複数の H_2O 分子を解離するプロトンまたは CO_2 の周りに直接置いて計算を行う。脱プロトン化により生じる H_3O^+ イオンは3個の H_2O 分子と水素結合可能であり、H_3O^+ 生成直後はドーパクロム側を向いている水素原子が水素結合を作れないことから2個の水素結合が生じていることになる。

　また脱炭酸の過程では、局在した負電荷を有するカルボキシラート基が CO_2 となるとき負電荷を失うことになるので、周りの H_2O 分子との水素結合の強さが大きく変化することになる。以上のようなことを計算に取り入れるため、脱プロトン化の計算時には、解離するプロトンの近くに三つの

46

H₂O分子を置き、脱炭酸の計算時には、カルボキシラート基の酸素原子にそれぞれ一つずつH₂O分子を置く（図2.2）。

　ドーパクロムとCu(II)の作る配位結合として考えられるものが、キノノイド部位（5、6位酸素）との結合とカルボキシラート基との結合である（図2.3）。両者の構造のエネルギー差を調べたところ、キノノイド部位と配位結合を作った構造のほうがわずかに安定で、そのエネルギー差は-0.86 kcal/molであった。この差はあまり大きくないため、カルボキシラート基へのCu(II)配位が一部起こる可能性は除外できない。しかし、カルボキシラート基の酸素はキノノイド部位と異なってπ電子共役鎖がカルボキシラート基内で閉じているため、ドーパクロム変換には大きな影響を与えないと考えられる。

　実際にカルボキシラート基にCu(II)が配位した構造からのβ-脱プロトン化の活性化障壁を計算したところ、Cu(II)が存在しない状態の活性化障

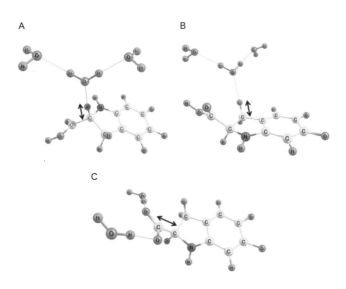

図2.2. A：α-脱プロトン化、B：β-脱プロトン化、C：脱炭酸の活性化障壁を計算するための初期構造

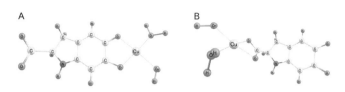

図2.3. A：キノノイド部位、B：カルボキシラート基へのCu(II)の配位結合

壁とほとんど変わらないことが分かった。この点から、Cu(II)はカルボキシラート基に配位して、脱炭酸を阻害する形で作用するという効果も副次的には有り得るが、実験で見られているCu(II)の触媒作用はキノノイド部位への配位によるものだと考えられる。なおCu(II)の配位に際して形成される錯体構造として、図2.3のような両者ともCu(II)がドーパクロムの酸素二つと周りのH_2O分子2個に平面状に取り囲まれた4配位構造を用いた。Cu(II)のアクア錯体構造としては4配位ではなく5配位構造が実際の系に見出されることが報告されているが[147,148]、この五つのH_2O分子のうち面直方向に配位している一つの分子は比較的弱い結合で配位しており（H_2O分子クラスター内で形成されている水素結合より弱い）、その位置も激しく揺らいでいることからモデルには含めない。

Gibbsの自由エネルギーを算出するために、まず分子の固有振動数を求めた上で、振動・回転・並進の自由度を考慮した分配関数を求めた。温度はヒトの体温を考え309.5 Kとし、圧力は1.0 atmに設定した。ただし、系は相互作用のないドーパクロムの理想気体（にPCMの補正を加えたもの）として取り扱えるとし、体積と圧力の積は温度によって一意に決まっているとした。

溶媒和の効果を含めた系の自由エネルギー変化を求める理論的手法は、未だ開発途上の段階であり、これが進歩して完全な記述となるのは短期的には期待できない。溶媒和は、理論的記述の難しい液相中で起こる過程であるため、溶媒和状態を単純なモデルで記述することに限界があるのが現

状である。本書では、上述のように溶媒和状態の定性的記述に PCM を用いるが、対応する熱力学的モデルとして次のようなものを想定している。すなわち、溶質分子（ドーパクロムまたはドーパクロム–Cu(II)錯体）は水分子に取り囲まれており、数層の水和層を形成している。この水和層は溶質分子との強い相互作用により、水分子を構成する酸素原子の位置が熱揺らぎによって大きく変化しないと考える。

　上述のように、反応を調べる際にはこれらの水和層を構成する水分子の存在を念頭に置いて、（脱プロトン化、脱炭酸、Cu(II)との錯体形成を考える場合にのみ）適宜数個の水分子を配置させて計算を行った。そして溶液全体を、少なくとも溶質分子と水和層を含んだ液相領域と、その領域を囲んでいる液相領域に分けて考える（上述のように、溶質濃度は十分低く、溶質分子間の距離は十分離れているものとし、相互作用は無視する）。溶質分子を含んだ領域とそれを囲んでいる領域との間では熱交換、膨張・圧縮による仕事、プロトン交換が可能であり、同じ温度、圧力、pH であるとする。

　このモデルにおいて、溶質分子のプロトン化および脱プロトン化反応は pH に影響を受ける。pH はプロトンの化学ポテンシャルを決定するため、高 pH では脱プロトン化状態が安定となり、低 pH ではプロトン化状態が安定となる。与えられた pH 条件下での平衡状態において、支配的な分子の状態を決定するには、分子の着目する官能基の酸解離定数 K_a を調べれば良い。酸解離定数の常用対数を取って負の符号を付けた pK_a が、pH と一致する点でプロトン化状態と脱プロトン化状態の濃度が一致するため（Henderson-Hasselbalch 式）、プロトン解離の有無が切り替わる条件が分かる。例えばドーパクロムのカルボキシ基の酸解離定数を計算するには、カルボキシ基からのプロトン解離における Gibbs の自由エネルギー変化を知る必要があり、そのために図2.4のような熱力学サイクルを考える。

　ドーパクロムの pK_a の定量的な計算を行うには、PCM のみでは十分な精度が保障されない。Gaussian09では、分子の溶媒和自由エネルギーの定

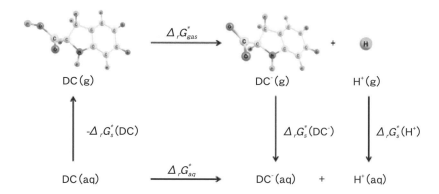

図2.4. ドーパクロム (DC) のカルボキシ基のプロトン解離 Gibbs 自由エネルギー $\Delta_r G_{aq}^*$ を計算するための熱力学サイクル

括弧の中の g は気相における状態、aq は水和状態を表す。$\Delta_r G_{gas}^*$、$\Delta_r G_s^*$ はそれぞれ気相中のプロトン解離 Gibbs 自由エネルギー、水和自由エネルギーである。

量的な計算には SMD[149] と呼ばれる半経験的な溶媒和モデルの使用が推奨されている。例外的に、プロトンは水分子と非常に強く相互作用し、その質量の小ささのため量子効果が無視できないなどの理由から、溶媒和自由エネルギーの計算は困難であるため、実験値である-265.75 kcal/mol (温度309.5 K) を用いる[150]。これらを念頭に置いて、SMD とプロトンの溶媒和自由エネルギーの実験値を用いて、pK_a を計算すると1.99という値を得た。これはアミノ酸のカルボキシ基に近い値である[151]。このことからカルボキシ基は中性 pH ではプロトン解離した状態が安定であることが分かる。

2-3. 銅イオンが存在しない場合のドーパクロム変換機構

ドーパクロムはカルボキシ基、アミノ基およびキノノイド酸素 (5、6位酸素) を有しており、これらはプロトン受容可能な官能基である。電気的

2−3. 銅イオンが存在しない場合のドーパクロム変換機構

中性条件ではこれら四つのうち二つがプロトン化された構造をとる。可能なプロトン化状態の異性体についてエネルギー的安定性を比較する。表2.1に計算結果を示す。表中の計算結果を比較すると、PCMを用いずに計算した場合、カルボキシ基と6位酸素がプロトン化された構造（表2.1のC（vac.））が最安定な構造であることが分かる。一方PCMを用いて計算した場合には、カルボキシ基とアミノ基がプロトン化された異性体（表2.1のA（aq.））が最安定となっている。この異性体A（aq.）の電気双極子モーメントは14.74 Dである一方、異性体C（aq.）の電気双極子モーメントは5.66 Dと小さかった。この点から、異性体Aは水溶液中において水の誘電応答

表2.1. 分子内プロトン移動によるドーパクロム異性体のエネルギー的安定性の比較

異性体[1]	プロトン化サイト[2]	エネルギー (kcal/mol)[3]	Gibbs エネルギー (kcal/mol)[4]	平衡組成[5]
A（vac.）	カルボキシ基, N1	0.00	0.00	4.40×10^{-4}
B（vac.）	N1, O6	11.26	11.73	2.30×10^{-12}
C（vac.）	カルボキシ基, O6	−5.52	−4.75	1.00
D（vac.）	N1, O5	27.95	27.48	1.74×10^{-23}
E（vac.）	カルボキシ基, O5	Unstable[6]	Unstable[6]	0
A（aq.）	カルボキシ基, N1	−18.45	−18.55	0.99
B（aq.）	N1, O6	−11.81	−11.37	8.40×10^{-6}
C（aq.）	カルボキシ基, O6	−15.35	−15.42	6.06×10^{-3}
D（aq.）	N1, O5	0.65	0.68	2.60×10^{-14}
E（aq.）	カルボキシ基, O5	0.33	−0.50	1.77×10^{-13}

[1] ドーパクロム異性体のシンボル。PCMを用いずに計算したものは（vac.）、PCMを用いて計算したものは（aq.）が対応する。
[2] 列中の番号は図2.1に示した位置番号に倣った。
[3] A（vac.）のエネルギーを原点にとった。
[4] A（vac.）のエネルギーを原点にとった。ヒトの体温を考えて、系の温度は309.5 Kに設定した。
[5] 平衡状態におけるモル分率。全異性体の物質量で規格化した（PCMを用いたものとPCMを用いなかったものとは分けて考える）。計算にはGibbs自由エネルギーの値を用いた。活量係数は1.0と近似する。
[6] 6位酸素へのプロトン移動が構造最適化により、自発的に起こった。

による安定化の寄与を大きく受けている構造であることが分かる。これら
の計算結果から、ドーパクロム変換が電気的中性構造の状態で起こる場合、
その初期構造は異性体 A であると考えられる。異性体 A はカルボキシ基
がプロトン化されているが、アミノ酸におけるカルボキシ基のpK_aは前節
で求めたように約2であり、pH 2以上の水溶液中ではカルボキシ基のプロ
トンは解離していると考えられ、脱炭酸の阻害にはほぼ寄与しないといえ
る。

　異性体 A から起こる可能な反応素過程である、α-脱プロトン化、β-
脱プロトン化、および脱炭酸の活性化障壁を比較することで最初に起こる
過程を決定する。なお、脱炭酸の評価には、カルボキシ基からプロトンが
解離した構造を用いる（プロトン化されたカルボキシ基は脱離できないた
め）。これらの反応素過程に沿ったポテンシャルエネルギー曲線を図2.5に
示す。α-脱プロトン化は結合距離の増加に対して、単調増加を示すポテ
ンシャルエネルギー構造を示した。よって、α-脱プロトン化はこの時点
で起こらないと考えられる。また、脱炭酸の活性化障壁は39.97 kcal/mol
と非常に高いためこの時点では脱炭酸は進まないと考えられる。一方、β-
脱プロトン化の活性化障壁は24.00 kcal/mol であり、これら三つの中では
最も起こりやすい過程であることが分かる。しかし、それでもこの活性化
障壁の値は大きいので、pH によっては（水分子に比べて）低濃度で存在
するOH^-イオンが攻撃して脱プロトン化する機構のほうが支配的になって
いる可能性もある。また関連する事項として、緩衝溶液の濃度がドーパク
ロム変換に影響することが実験により示されており[139]、緩衝溶液を構成
する陰イオンがβ-脱プロトン化を促進している可能性がある。

　β-脱プロトン化した構造自体はエネルギー的に不安定なので、脱プロ
トン化後は速やかに別の原子への再プロトン化が起こる。再プロトン化サ
イトとして5位酸素、6位酸素、およびカルボキシラート基の3種類を考える。
表2.2にこれら3種類のエネルギー的安定性についての計算結果を示す。5
位酸素がプロトン化された状態が最安定であり、その次に6位酸素のプロ

2-3. 銅イオンが存在しない場合のドーパクロム変換機構

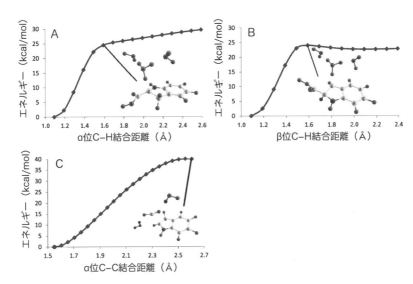

図2.5. ドーパクロムのA：α-脱プロトン化、B：β-脱プロトン化、C：脱炭酸のポテンシャルエネルギー曲線（Cu(II)が配位していない状態）

表2.2. ドーパクロム変換中間体の異性体のエネルギー的安定性の比較

異性体（Cu−/+）[1]	再プロトン化サイト[2]	エネルギー (kcal/mol)[3]	Gibbs エネルギー (kcal/mol)[4]
初期構造（Cu−）	β-炭素	0.00	0.00
A'（Cu−）	カルボキシラート基	11.28	11.38
B'（Cu−）	O5	−5.70	−5.13
C'（Cu−）	O6	1.82	1.93
初期構造（Cu+）	β-炭素	0.00	0.00
A'（Cu+）	カルボキシラート基	−12.48	−12.45
B'（Cu+）	O5	3.29	2.74
C'（Cu+）	O6	8.30	7.09

[1] ドーパクロム変換中間体の異性体のシンボル。すべてPCMを用いて計算した。Cu(II)の配位を含まないものを（Cu−）で、含むものを（Cu+）で記した。
[2] 列中の番号は図2.1に示した位置番号に倣った。
[3] β-脱プロトン化が起こる前の構造（初期構造）のエネルギーを原点にとった。
[4] β-脱プロトン化が起こる前の構造（初期構造）のエネルギーを原点にとった。ヒトの体温を考えて、系の温度は309.5 Kに設定した。

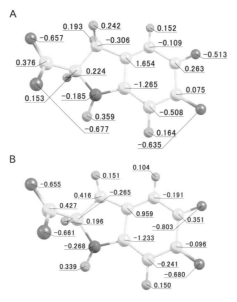

図2.6. A：β-脱プロトン化前、B：β-脱プロトン化後の原子電荷

原子電荷の値は自然原子軌道解析から得られたものである。

トン化状態が安定になっている。β-脱プロトン化の前後で原子電荷がどのように変わるかを自然原子軌道解析により調べた。解析結果を図2.6に示す。

図2.6から分かるように、β-脱プロトン化によって取り残された電子は5位炭素および5位酸素に移動していることが示された。特に5位酸素への電荷移動量が多いことが分かる。これはちょうどSugumaranらがHPLC分析で同定したキノンメチド中間体に対応している電子構造だといえる。また、α-脱プロトン化や脱炭酸の前後でも5、6位酸素への電荷移動が起こることを確認した。さらにβ-脱プロトン化前後におけるHOMOの変化を調べると、移動した電子は5位C–Oの反結合性軌道への占有を伴うという

2−3. 銅イオンが存在しない場合のドーパクロム変換機構

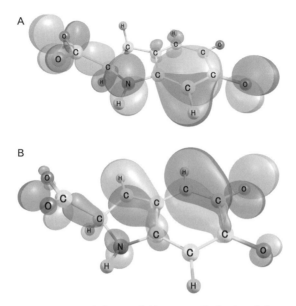

図2.7. A：β-脱プロトン化前、B：β-脱プロトン化後の最高被占軌道（highest molecular orbital: HOMO）の等値面

形で理解することができる（図2.7）。

　安定な中間体を求めることができたので、ここからDHIおよびDHICAに変換していく過程を考える。この中間体からα-脱プロトン化が起これ ばDHICAが生成物となり、脱炭酸が起こればDHIが生成物となる。両過程の活性化障壁を比較し、どちらが起こりやすいかを調べる。

　図2.8にこれらの過程に沿ったポテンシャルエネルギー曲線を示した。図2.8から、α-脱プロトン化と脱炭酸の活性化障壁はそれぞれ11.35 kcal/mol、16.14 kcal/molであることが分かる。β-脱プロトン化によって5位酸素だけでなく6位酸素にも電荷移動が起こったため、6位酸素も同様に塩基としてプロトン化を受けることは容易であると考えられる。そこで5、6位

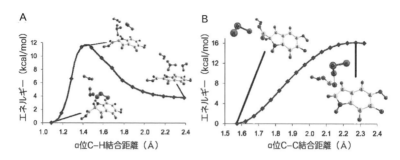

図2.8. ドーパクロム変換中間体（β-水素が5位酸素に移ったもの）のA：α-脱プロトン化、B：脱炭酸に沿ったポテンシャルエネルギー曲線（Cu(II)が配位していない状態）

酸素の両方がプロトン化された中間体を考え、再度α-脱プロトン化と脱炭酸の活性化障壁を計算した。図2.9に計算結果を示す。α-脱プロトン化と脱炭酸の活性化障壁は3.14 kcal/mol、2.96 kcal/molである。すなわち6位酸素へのプロトン化によって、特に脱炭酸の活性化障壁が大きく下がり、α-脱プロトン化のものを下回るようになった。これらの結果は、脱炭酸を介したDHI生成には5、6位酸素のプロトン化が重要であることを示している。これは、α-脱プロトン化において、π共役系に取り残される電子がカルボキシ基側にも広がるのに対し、脱炭酸では、電子がキノノイド側に一方的に引きつけられるという性質を反映したものと考えられる。また、塩基性pHにおいて実験的に見出されていたDHICA生成の優位性は、塩基性pH条件下においては6位酸素へのプロトン化速度が減少することと、α-脱プロトン化速度が上昇することに起因すると考えられる。

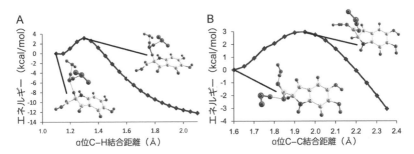

図2.9. 5、6位酸素がプロトン化されたドーパクロム変換中間体のA：α-脱プロトン化、B：脱炭酸に沿ったポテンシャルエネルギー曲線（Cu(II)が配位していない状態）

2-4. 銅イオンが存在する場合のドーパクロム変換機構

　次にCu(II)がドーパクロムのキノノイド部位に配位した場合の反応を考える。前節と同様に、α-脱プロトン化、β-脱プロトン化、および脱炭酸のそれぞれの反応素過程を考えた。各反応素過程に対するポテンシャルエネルギー曲線を 図2.10に示す。図2.5と図2.10を比較すると、すべての反応素過程の活性化障壁がCu(II)の配位によって大幅に減少していることが分かる。Cu(II)の配位時には、α-脱プロトン化、β-脱プロトン化および脱炭酸の活性化障壁はそれぞれ14.02 kcal/mol、12.68 kcal/molおよび15.95 kcal/molであった。やはりβ-脱プロトン化の活性化障壁が最も低いことが分かる。よって、ドーパクロムの第1過程はCu(II)がキノノイド部位に配位した場合においてもβ-脱プロトン化である。図2.10に示したように、Cu(II)配位時の脱炭酸の活性化障壁を計算するにあたって前節で述べた「急速な」カルボキシラート基の回転が起こったため、脱離するカルボキシラート基とその母体となっているドーパクロム分子の二面角の一つを途中で凍結させて（最適化させないで）計算を行った。

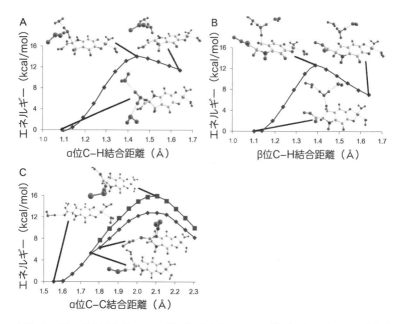

図2.10. ドーパクロムのA：α-脱プロトン化、B：β-脱プロトン化、C：脱炭酸に沿ったポテンシャルエネルギー曲線（Cu(II)が配位した状態）

脱炭酸に沿った計算中にカルボキシラート基の「急速な」回転が見られたため（2.2節を参照）、解離させている結合の軸回りの二面角を途中で固定した（図中のCのひし形のマーカーがすべての座標を最適化させたときのエネルギー、正方形のマーカーが二面角を固定したときのエネルギーに対応する）。

　前節と同様に、再プロトン化サイトとして5位酸素、6位酸素、およびカルボキシラート基の3種類を考える。表2.2にこれら3種類のエネルギー的安定性についての計算結果を示す。Cu(II)が存在しない状態では5位酸素がプロトン化に最適で、次いで6位酸素が2番目に安定になっているのに対し、Cu(II)配位時にはキノノイド部位へのプロトン化は不安定となり、カルボキシラート基がプロトン化された状態として最適なサイトとなっている。さらに、このキノノイド部位にプロトン化した構造のプロトン付近に1個の水分子を置いて、安定構造を調べると自発的にプロトンが水分子側

に移動することが分かった。つまり、Cu(II)がキノノイド部位に配位した場合、キノノイド部位にプロトン化した状態は水溶液中では準安定構造でないことが明らかになった。表2.2に示したCu(II)のない条件下で5位酸素のプロトン化がエネルギー的に安定になるのはこのためだと考えられる。Cu(II)配位時でもβ-脱プロトン化によって同様の電荷移動が見られ、Cu(II)への目立った電荷移動は見られなかった。つまり、Cu(II)はここでは酸化剤としてではなく、ルイス酸（電子対受容体）として働いていることが分かる。すなわち、Cu(II)の配位によって局在した負電荷を持つ5、6位酸素を安定化するためα-脱プロトン化、β-脱プロトン化および脱炭酸の活性化障壁を下げたのだと考えられる。Cu(II)配位時に5位酸素および6位酸素へのプロトン化がエネルギー的に不安定になるのは、5、6位酸素の負電荷とCu(II)の正電荷による静電的引力による安定化が損なわれてしまうからだと理解できる。

　次に、Cu(II)配位時での中間体が変換される過程を調べる。表2.2にて示したように、カルボキシラート基がプロトン化されることにより大きな安定化の寄与を受けていたことを考えると、カルボキシラート基からプロトンが解離して脱炭酸が起こる可能性は考えられない。よって、α-脱プロトン化が起こると結論できる。図2.11にCu(II)配位時におけるドーパクロム変換中間体がα-脱プロトン化するときのポテンシャルエネルギー曲線を示す。活性化障壁は9.83 kcal/molであり、最初に起こるβ-脱プロトン化のもののほうが高いため、反応速度に大きく影響を与えるのはβ-脱プロトン化であることが分かる。Cu(II)が存在しない条件でも活性化障壁はβ-脱プロトン化が最も高かったので、Cu(II)の存在の有無にかかわらず、β-脱プロトン化はドーパクロム変換の律速過程となっていることが分かる。

2-5. まとめ

　計算結果から明らかになったドーパクロム変換の反応スキームを図2.12

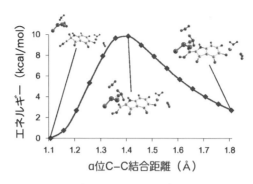

図2.11. カルボキシラート基がプロトン化された Cu(II)-ドーパクロム変換中間体の α-脱プロトン化に沿ったポテンシャルエネルギー曲線

に示す。ドーパクロムはまず β-脱プロトン化を経て、Cu(II) が存在しない条件下では5位酸素へのプロトン化が起こり、Cu(II) が配位した条件下ではカルボキシラート基へのプロトン化が起こる。5位酸素がプロトン化された構造からさらに6位酸素がプロトン化された場合脱炭酸が起こり、DHI が生成する一方、6位酸素がプロトン化されなかった場合 α-脱プロトン化が優先して起こり、DHICA が生成する。Cu(II) 配位時の中間体からは α-脱プロトン化が起こり、DHICA が生成する。

　律速過程は β-脱プロトン化であり、塩基性 pH や Cu(II) はいずれもこの過程を加速することでドーパクロム変換の速度を上昇させていると考えられる。最初は活性化障壁の非常に高かった脱炭酸が、5、6位酸素へのプロトン化によりその活性化障壁が劇的に低下する現象は、ドーパクロム変換を理解する上で非常に重要であるといえる。塩基性 pH や Cu(II) が DHICA 生成に有利な条件であることは、両者とも5、6位酸素のプロトン化が起こりにくいことに対応していると説明することができる。5、6位酸素のプロトン化が、そこから遠くに離れた場所に位置している α-プロト

2-5. まとめ

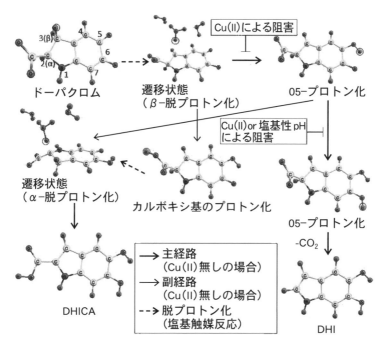

図2.12. ドーパクロム変換の反応スキーム

ンやカルボキシ基の解離に大きな影響を及ぼすことは、π電子共役系の特徴がよく表れた結果だといえる。

これらは実験結果[43,135,140]と符合するものであり、β-脱プロトン化によるキノンメチド中間体の生成[43,140]、Cu(II)のドーパクロム変換への触媒作用、および脱炭酸抑制作用[135]を原子レベルで説明するものである。さらに、脱炭酸を介したDHI生成には5、6位酸素のプロトン化が必要であることを示した。すなわち、DHIもしくはDHICAを選択的に生成させるためには、5、6位酸素のプロトン化状態をうまくコントロールする必要があり、Cu(II)はその例の一つであったことが分かる。

3. o-キノンとチオールの結合と環化の反応解析

3-1. はじめに

3-1.1 環化とチオール結合の競合過程

　メラノジェネシスに含まれるドーパキノンの反応は、生成されるメラニンの組成に影響を与える。ドーパキノンの反応として、環化（アミノ基などが分子内でベンゼン環炭素と結合し環構造を作る反応）とチオール結合（システインなどのチオールとベンゼン環炭素が結合する反応）の二つが知られている（図3.1）。前者が起こった場合、ユーメラニン合成経路への移行が確定し、後者が起こった場合、フェオメラニン合成への移行が確定する。

　ドーパキノンは二つの隣り合うカルボニル基をベンゼン環の中に含んだ構造をしており、o-キノンに分類される分子である。一般にo-キノンは求核剤に対して高い反応性を持っていることが知られている。環化やチオール結合を引き起こすアミノ基（$-NH_2$）やスルフヒドリル基（$-SH$）などは、o-キノンに対して求核剤として振る舞う。

　1-6節に述べたように、ドーパキノンに類似したo-キノンの反応が様々

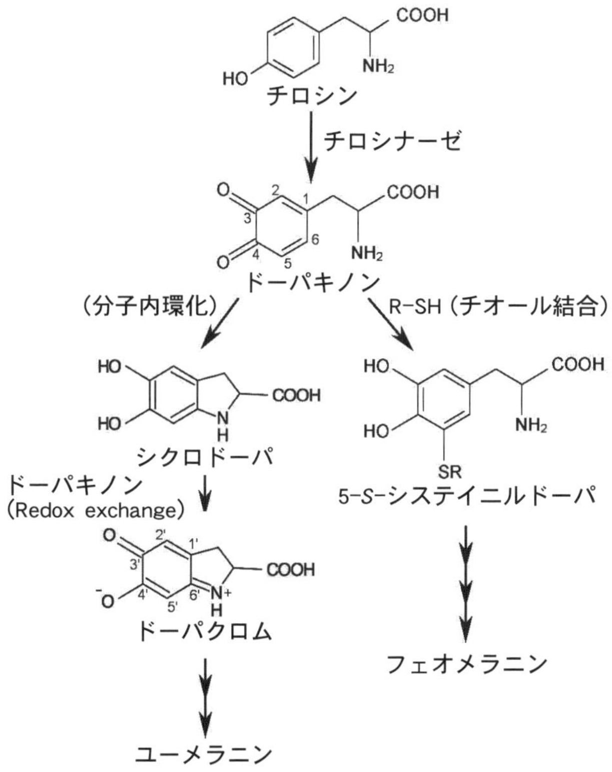

3-1. はじめに

図3.1. ドーパキノンの生成と反応（環化およびチオール結合）

に研究されている。その中で、チオール結合はメラノサイト特異的細胞毒性に寄与するという点で、臨床応用の観点からも重要である。チロシナーゼの基質となることが確認されている分子は基本的に、p-置換フェノールもしくはp-置換カテコールである。これらがチロシナーゼによって酸化されると基質分子由来の置換基を持ったo-キノンを生じる（図3.2）。この置換基の構造が、o-キノンの固有の反応性を決定づける。例えば、置換基が炭素2個分の鎖長の炭化水素鎖を含んだアミンやアルコールであ

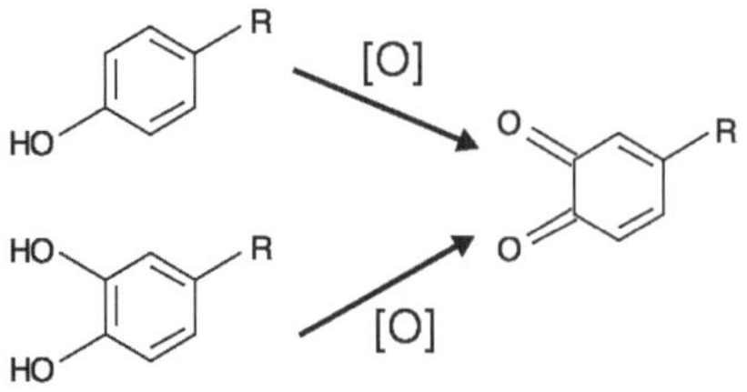

図3.2. *p*-置換フェノール（図の左上）または*p*-置換カテコール（図の左下）のチロシナーゼ酸化による*o*-キノン生成

る場合、環化を起こすことができる。環化可能な置換基の炭化水素鎖として、これまで炭素2個から4個分の炭素鎖長を持つものが確認されている[152]。これらは、それぞれ5から7員環生成に対応する。

　ドーパキノンへのシステイン結合は速やかに進行することが知られており、システイン濃度が1 μM以下になるまで競合過程である環化が進行しない[23]。この点からメラノジェネシスはまずフェオメラニン生成が最初に進行し、システインが十分消費された後、ユーメラニンがその周りを覆うように形成していくというモデル（casing model）が考えられる。このモデルは、自由電子レーザー（free electron laser: FEL）－光電子顕微鏡（photoelectron emission microscopy: PEEM）を用いて表面の酸化還元電位がユーメラニンのものであることから確かめられた[153,154]。

　一方、ドーパキノンはタンパク質のような比較的大きな分子とは結合しにくいことが知られている[155]。これはタンパク質の大きな立体障害のため、ドーパキノンはシステイン残基との反応よりも先に環化してしまうからだと考えられる。このようなチオール結合と環化との間に見られる競合関係は、片方の反応の進行がもう片方の反応に対する反応性を奪っているということを示唆する。しかし、4-*S*-CAPの*o*-キノンやRD-キノンは、環化を経た後でもチオールと反応することが報告されている[107,108]。また、シ

3－1. はじめに

ステインの硫黄原子が結合するドーパキノンのベンゼン環炭素（2、5位炭素）は、環化時に窒素原子が結合する部位（6位炭素）と異なっており、この競合は活性部位の奪い合いによるものではないことが分かる。

RD-キノンはドーパキノンと同様に、環化とチオール結合の両過程が代謝経路に含まれ得る分子である（図3.3）[108]。RD-キノンの場合、この2過程に加えて水の付加が起こる（図3.3）。この水の付加は環化よりも遅い速度で進行する。RD-キノンは o-ベンゾキノンの基本構造に水酸基とメチル基を末端に有する側鎖がついた構造の分子である。環化の際には、この水酸基の酸素がベンゼン環炭素（6位炭素）と結合して環構造を形成する。水酸基の酸素が環化時に結合する6位炭素は、水の付加が起こる部位と同

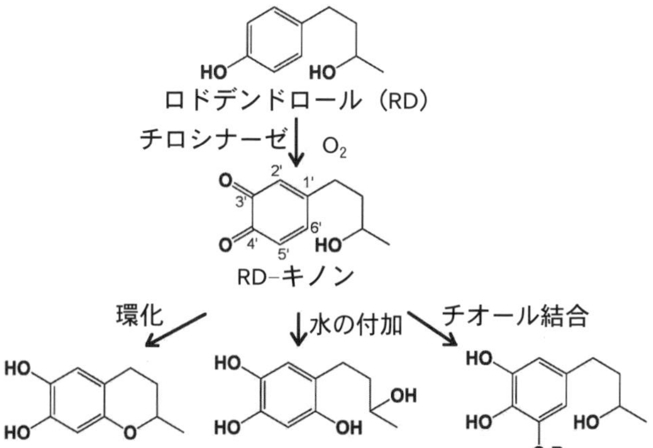

図3.3. ロドデンドロールキノン（RD-キノン）の生成と反応（環化、チオール結合、および水の付加）

RD-キノンのシステイン結合は5'位炭素で起こるが、RD-サイクリックキノンのシステイン結合は2'位炭素で起こる。また、RD-サイクリックキノンとRD-p-ヒドロキシカテコールは互いに平衡関係にあり、酸触媒によってRD-サイクリックキノンがヘミアセタールを経てRD-p-ヒドロキシカテコールに移り変わることができる[107]。

じであり、競合関係にあることが分かる。ドーパキノンの場合に水の付加が観測されないのは、ドーパキノンの環化がRD-キノンと比べ非常に速いためだと考えられる。環化および水の付加による生成物は残存するRD-キノンによって直ちに酸化され、それぞれ比較的安定なRD-サイクリックキノン（RD-cyclic quinone）およびRD-p-ヒドロキシキノン（RD-p-hydroxy-quinone）を生じることが分かっている（図3.3）。

3-1.2　o-キノンの環化速度に関する研究背景

　o-キノンの環化速度は、その分子種に固有の反応性を反映したものである。ドーパキノンは、より基本的な構造のドーパミンキノン（神経伝達物質であるドーパミンがチロシナーゼなどによって酸化されたo-キノン）にカルボキシ基を置換基として導入したαアミノ酸である。過去の実験において、ドーパミンキノンに様々な置換基を導入した際の環化速度の変化が調べられている[152]。特に、カルボキシ基（すなわちドーパキノンの場合）やN-アルキル基の導入によって環化速度が上昇することが明らかになった[94,152,154]。

　一方、これらのo-キノンはN-アシル基の導入によって環化速度が大幅に減少する（もしくは0になる）ことが明らかになった[157]。環化とチオール結合が競合関係にあるため、環化速度の違うo-キノンについては同じチオール濃度の環境であってもチオール結合体の収率が異なる。様々なカテコール由来のo-キノンのウシ血清アルブミン（bovine serum albumin: BSA）との結合性を調べた実験[155]から、ドーパミンキノンはドーパキノンよりBSAと高収率で結合すること、エピネフリン（epinephrine: ノルエピネフリン（norepinephrine）のN-メチル化誘導体）はノルエピネフリンよりBSAと低収率で結合することなどが明らかになっている。

　この結果から、α-カルボキシ基やN-アルキル基がキノン分子に含まれているとチオールとの反応性が落ちていることが分かる。この反応性低下はこれらの置換基による環化の加速によるものである可能性が高い。

3-1. はじめに

o-キノンアミンは塩基性であるため、中性 pH 付近ではアミン窒素が3個のプロトンと結合したアンモニウム基（$-NH_3^+$）を持った構造が支配的となっている。この状況から窒素はこれ以上の結合を作ることができないため、まずアンモニウム基から脱プロトン化した中間体を経る必要がある。アミノ基の求核攻撃（ベンゼン環炭素との結合生成を伴う置換反応）が遅い点に着目した先行研究において、環化の速度論モデルが提案された[152,158-160]。このモデルによると、アンモニウム基からの脱プロトン化とアミノ基への再プロトン化過程が準平衡にあると考える。このモデルから、環化速度はアンモニウム基からの脱プロトン化とアミノ基の求核攻撃の2過程に対するそれぞれの速度定数の積に比例することが導かれる。

すなわち、o-キノンの環化は o-キノンの塩基性（プロトンに対する反応性）と求核性（炭素に対する反応性）の二つから決まっている。前者は熱力学量である酸解離定数の測定により決定されるため、その定量化に実験的困難はない。一方、後者は直接的な実験的証拠を得ることが困難である。

3-1.3 o-キノンへのシステインの結合に関する研究背景

メラノジェネシスにおいてドーパキノンのシステイン（または GSH やシステイン残基を有するタンパク質）結合は、6位炭素（C6）ではなく C2、C5で起こるという点で特殊な反応である。ドーパキノンが環化する際、アミノ基と結合を作る部位は C6である。アミノ基を含む炭化水素鎖の鎖長から考えると、アミノ基は C2への結合も想定できるが、過去の研究によりその可能性は除外されている[152]。その原因として、C2に結合が起こった場合、C6の場合よりも多くの π 結合に影響を与える点が指摘されている。

このような C6の優位性は一般の求核剤に対して成立すると考えるのが自然である。しかし、システイン結合の場合は C5、C2、および C6に結合した生成物の収率がそれぞれ74%、14%、および1%になる実験結果が得

67

られている[2,23,93,161]。また、C2、C5の両サイトにシステインが結合したものも5%の収率で得られている[23,93,161]。システイン結合の初期過程については、システインのスルフヒドリル基が o-キノンのC5（もしくはC2）に結合し、さらにO3（もしくはO4）がプロトン化されるという1,6-マイケル付加機構が提唱されてきた[162-164]。

　システイン結合の速度定数は、システイン濃度とともに大きくなる。システイン濃度が低い時はシステイン濃度に対して線形であるが、システイン濃度の上昇に伴いその挙動からずれて速度定数の上昇が緩やかになることが示された[164]。この結果は、システイン結合が反応中間体を経て進行することを示唆し、1,6-マイケル付加機構を支持するものである。

　さらに、システイン結合速度はpHとともに大きくなることが示された[163,164]。すなわち、システイン結合はスルフヒドリル基からの脱プロトン化を経て進行することが示唆された。G.N.L. Jamesonらは1,6-マイケル付加による中間体を介した速度論モデルを立て、システインの代わりにチオグリコール酸（システインのアミノ基を水素に置換したもの）を用いた場合と比較を行った[164]。その結果、システイン結合の中間体はチオグリコール酸の場合よりも不安定であることを示した[164]。すなわち、チオグリコール酸にはない、システインのアミノ基（もしくはアンモニウム基）のチオール結合における重要性が示唆された。

3-1.4　o-キノンの反応性の理論的評価

　本章では、このような o-キノンの環化とチオール結合について多角的な観点から調べた結果について述べる。その反応解析には、密度汎関数理論に基づいた第一原理計算を用いている。最初の課題として、3-3節ではドーパキノンとRD-キノンの環化およびチオール結合に着目し、この2反応が互いに与える影響を調べた解析結果について述べる。ここでは、モデルとするチオールとして最も単純なメタンチオラートイオン SCH_3^- を用い、ドーパキノンおよびRD-キノンへの結合エネルギーを環化前と環化後で調べ

ている。ドーパキノンおよびRD-キノンの環化後の構造としては、それ
ぞれドーパクロムおよびRD-サイクリックキノンを検討した。計算結果
から、ドーパキノンの場合には環化後には結合状態が不安定になり、RD-
キノンの場合は環化後も結合状態が安定であることを明らかにしている。

次に、3-4節でo-キノンの環化の初期過程である、C6–N結合または
C6–O結合の生成過程を調べた結果について解説する。反応性の比較として、
環化可能なo-キノンアミンのうち、最も基本的な構造を持つドーパミン
キノンとそれに類似するo-キノンアミンを取り上げる。具体的には、ドー
パミンキノンにα-カルボキシラート基、N-メチル基、およびN-ホルミ
ル基を置換基として導入した構造を考えた。また、これらにメチレン基
($-CH_2-$)を導入して炭化水素鎖を長くした場合と比較を行っている。さ
らに、水酸基が環化に関与する例として、RD-キノンの環化を調べた。計
算結果から、α-カルボキシラート基およびN-メチル基の導入はC6–N結
合生成に対する活性化障壁を低下させる効果があることを明らかにしてい
る。またその一方で、N-ホルミル基の導入は逆に活性化障壁を上昇させ
る効果が見られたことについても触れる。メチレン基を導入した計算結果
からは、炭化水素鎖が長い場合の方がC6–N結合生成に対する活性化障壁
が低くなる傾向を得ている。また、RD-キノンのC6–O結合生成は、RD-
キノンが電気的に中性な構造では単独で起こらないことを明らかにし、水
酸基からの脱プロトン化がRD-キノン環化に必要であることを指摘する。

最後に、3-5節でドーパキノンのベンゼン環炭素にシステインが結合す
る過程の反応解析を行った結果について述べる。ここでは、システインチ
オラートイオン Cys–S$^-$ が結合するサイトとしてC5、C2、C6、C3–C4ブリ
ッジ、C1の5種類を見出している。特に、従来考えられてきたC5、C2よ
りもさらに安定なC3–C4ブリッジを見出したことは反応性の理解に重要な
示唆を与えるものである。また、C2、C6結合におけるシステインの結合
エネルギーはほぼ同等であり、C6結合体が実験で見られないのは、C6結
合体のエネルギー的不安定性によるものではないことを示している。これ

らの結果に基づき、システインはまず C3–C4 ブリッジに近づき、そこから
隣接する C5 もしくは C2 に移動するという機構でシステイン結合が進行す
ることを述べている。

3-2. 計算手法とモデル

前章と同様に密度汎関数理論[82,83]に基づいた第一原理計算を援用した
シミュレーションを行った。計算のプログラムとして、Gaussian09を用い
た[141]。交換相関エネルギーの計算に混成汎関数である B3LYP[142,143] を用
い、基底関数系として 6-31++G (d,p) を用いた。原子電荷を見積もるため
に自然原子軌道解析を行った[144]。さらに、o-キノンの求核性（結合生成
において電子対を供与する能力）の指標として凝集 Fukui 関数（分子内の
総電子数変化に対する各原子電荷の変化率に負の符号を付けたもの。電子
の local softness と呼ばれる量を規格化したものに相当する）[92,93]を有限差
分法（ここでは、電子の総数を1個増やすもしくは減らした系の電子状態
を構造緩和させずに計算し、その時の各原子の原子電荷の変化を調べる方
法）で計算した。また、水溶液中の反応を議論するため前章と同様に
PCM を用いた[145,146]。

反応の活性化障壁を計算するために、特定の自由度を固定して一次元的
に射影した形でのポテンシャルエネルギー曲線を算出した。すなわち、選
んだ自由度以外は常に構造緩和させた。結合距離は最安定構造の値から、
0.05〜0.10 Å 程度の刻み幅で増加させていき、その都度構造最適化させて
エネルギーを求めた。また、反応の遷移状態（ポテンシャルエネルギー曲
面上の鞍点）を求めるために、synchronous transit and quasi-Newton (STQN)
法を用いた[165]。なお、この方法で得られた遷移状態の構造、全エネルギー
は、上述の一次元的に射影した形でのポテンシャルエネルギー曲線の極大
点のものとほぼ同じであった。

3-3. チオールの結合と環化の競合
—ドーパキノンとロドデンドロールキノンの比較—

　o-キノンの環化とチオール結合は、それぞれ反応部位が異なるにもかかわらず互いに競合関係にあることを3-1節で述べた。ここでは、環化の前後において安定に存在するo-キノン（系）分子を取り上げ、それらのチオール結合に対する反応性の違いを論じる。チオールのモデルとして、最も構造が単純なメタンチオールが脱プロトン化したメタンチオラートイオン SCH_3^- を用いた。対象とするo-キノンとして、メラノジェネシスに本来見られるドーパキノンと、細胞毒性を生じることが報告された RD-キノンを比較した。

　まず、ドーパキノンにメタンチオラートイオンが結合した際の電子状態変化を調べた。図3.4に示すように、チオールの結合によってドーパキノンに電子約1個分の電荷移動が起こっていることが分かる。この時、チオール側の電子はドーパキノンの LUMO に占有されると考えることができる。すると、反応におけるエネルギー変化は主に LUMO 準位によって決定されることが分かる。結合エネルギー $E_B = (E_{SCH_3^-} + E_{dopaquinone}) - E_{SCH_3^- + dopaquinone}$ を計算すると、4.38 kcal/mol であった。正の結合エネルギーが得られたため、この結合状態が安定であることが分かる。

　さらに、ドーパキノンが環化した後に見られる安定なo-キノン系分子であるドーパクロムにメタンチオラートイオンが結合した際の電子状態変化を調べた。ドーパクロムは環化後に残存するドーパキノンに酸化されることで生じる分子である。環化前と同様に、ドーパクロムに電子約1個分の電荷移動が起こっていることが分かる（図3.5）。一方、結合エネルギーは-10.38 kcal/mol であった。負の結合エネルギーが得られたため、この結合状態が（メタンチオラートイオンとドーパクロムが孤立して存在している状態より）不安定であることが分かる。ドーパクロムの LUMO 準位は、ドーパキノンのものと比べ0.66 eV（15.22 kcal/mol）だけ真空準位側にシ

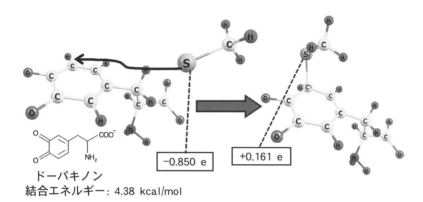

ドーパキノン
結合エネルギー: 4.38 kcal/mol

図3.4. ドーパキノン（ドーパキノンの環化前）へのメタンチオラートイオン SCH_3^- の結合とそれに伴う電荷再分配

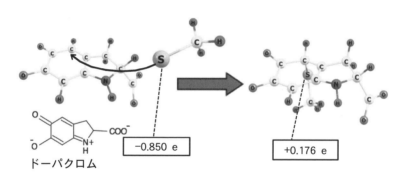

結合エネルギー: −10.38 kcal/mol

図3.5. ドーパクロム（ドーパキノンの環化後）へのメタンチオラートイオン SCH_3^- の結合とそれに伴う電荷再分布

フトしていた。一方、HOMO準位はわずか0.08 eV（1.84 kcal/mol）だけ真空準位から遠ざかっていることが分かった。環化の前後における電子のエ

3-3. チオールの結合と環化の競合

ネルギー準位をまとめたものを図3.6に示す。

次に、RD-キノンにメタンチオラートイオンが結合した際の電子状態変化を調べた。図3.7に示すように、チオールの結合によってRD-キノンに電子約1個分の電荷移動が起こっていることが分かる。ドーパキノンの場合と同様に、LUMOにチオール側の電子が占有されたと考えることができる。結合エネルギーを計算すると、7.61 kcal/molであった。正の結合エネルギーが得られたため、この結合状態が安定であることが分かる。

さらに、RD-キノンが環化した後に見られる安定な o-キノン系分子であるRD-サイクリックキノンにメタンチオラートイオンが結合した際の電子状態変化を調べた。RD-サイクリックキノンは環化後に残存するRD-

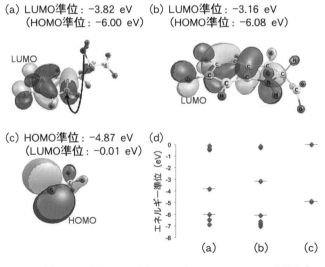

図3.6. (a) ドーパキノン、(b) ドーパクロムのLUMOの空間分布、(c) メタンチオラートイオン SCH_3^- のHOMOの空間分布の等値面プロット、(d) ドーパキノン、ドーパクロム、およびメタンチオラートイオンのエネルギー準位ダイヤグラム

(d) の水平線はHOMOおよびLUMOを表す。エネルギー準位の原点は真空準位にとった。LUMO空間分布は波動関数の等値面により示されている。

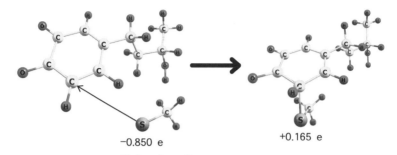

−0.850 e　　　　　　　+0.165 e

結合エネルギー: 7.61 kcal/mol

図3.7. RD-キノン（RD-キノンの環化前）へのメタンチオラートイオン SCH$_3^-$ の結合とそれに伴う電荷再分布

キノンに酸化されることで生じる分子である。環化前と同様に、RD-サイクリックキノンに電子約1個分の電荷移動が起こっていることが分かる（図3.8）。そして、結合エネルギーは4.15 kcal/molであった。ドーパクロムの場合と異なり、正の結合エネルギーが得られたため、環化後もチオールと結合可能であることが分かる。RD-サイクリックキノンのLUMO準位は、RD-キノンのものと比べ0.23 eV（5.24 kcal/mol）だけ真空準位側にシフトしていた。ドーパキノンの場合と異なり、HOMO準位に比較的大きな真空準位側へのシフトが見られ、その上昇量は0.49 eV（11.25 kcal/mol）であった。RD-キノンの環化の前後におけるLUMO準位の変化を図3.9に示す。

　o-キノンの環化はチオール結合に対する反応性を低下させる。その効果はドーパキノンとRD-キノンとでは異なっており、RD-キノンはこの点において、チオール結合に対する優位性を持っていることが分かる。ドーパキノンの環化におけるC6–N結合の生成は、ベンゼン環炭素に分布しているLUMO（π電子軌道のうちの一つ）とアミノ基由来窒素のローンペア電子軌道（HOMOを含む）の間の反結合的相互作用（逆位相での重ね合わせ）を伴う（図3.6 (b)）。

　またRD-キノンの環化におけるC6–O結合の生成は、ベンゼン環炭素に

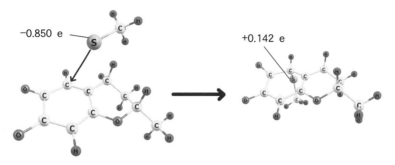

結合エネルギー: 4.15 kcal/mol

図3.8. RD-サイクリックキノン（RD-キノンの環化後）へのメタンチオラートイオン SCH_3^- の結合とそれに伴う電荷再分布

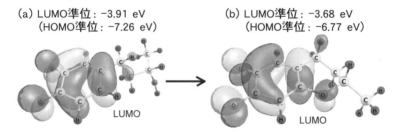

図3.9. (a) RD-キノン、(b) RD-サイクリックキノンの LUMO の空間分布の等値面プロット

エネルギー準位の原点は真空準位にとった。LUMO 空間分布は波動関数の等値面により示されている。

分布している LUMO（π電子軌道のうちの一つ）とヒドロキシ基由来酸素のローンペア電子軌道（HOMO を含む）の間の反結合的相互作用を伴う（図3.9 (b)）。イオン結合性の高い C–O 結合を作る RD-キノンの場合、HOMO–LUMO 準位差（3.35 eV）が、ドーパキノンのもの（2.18 eV）より大きい。軌道間相互作用による結合性・反結合性軌道のエネルギー準位は、結合に関与するそれぞれのエネルギー準位の差が小さくなるほど大き

くシフトすることが、2次の摂動論などから分かる。したがって、ドーパキノンがRD-キノンの場合と比べて、環化によるLUMO準位上昇量が大きいのは、環化によって生成するC6–N結合およびC6–O結合のイオン結合性の違いによって定性的に説明できる。

　本節ではドーパキノンとRD-キノンについて、チオールの結合エネルギーをLUMO準位の値に基づいて説明した。さらに、これを一般のo-キノンに拡張して調べた。

　図3.10に新たに計算の対象としたo-キノンの構造式を示す。これらは、単純なo-キノンの構造を持ち、かつ置換基に電子供与性（反応時に反応領域の電子密度を増加させる性質）のものと電子求引性（反応時に反応領域の電子密度を減少させる性質）のものの両者が含まれている。表3.1にドーパキノンおよびRD-キノンを含めた計算結果を示す。特に、アミノ基を導入した際には結合エネルギーが負になっており、対応するLUMO準位

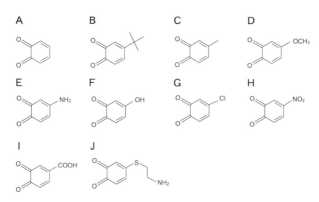

図3.10. 計算を行ったo-キノンの構造式

A: 1,2-ベンゾキノン、B: 4-*tert*-ブチル-1,2-ベンゾキノン、C: 4-メチル-1,2-ベンゾキノン、D: 4-メトキシ-1,2-ベンゾキノン、E: 4-アミノ-1,2-ベンゾキノン、F: 4-ヒドロキシ-1,2-ベンゾキノン、G: 4-クロロ-1,2-ベンゾキノン、H: 4-ニトロ-1,2-ベンゾキノン、I: 4-カルボキシ-1,2-ベンゾキノン、J: 4-*S*-システアミニル-1,2-ベンゾキノン。

3−3. チオールの結合と環化の競合

表3.1. 様々な o-キノンへのメタンチオラートイオン SCH_3^- の結合の計算結果
結合エネルギーと LUMO 準位をそれぞれ示した。

ラベル[1]	o-キノン	結合エネルギー E_B (kcal/mol)[2]	LUMO 準位 (eV)[3]
A	1,2-ベンゾキノン	10.0	−4.0
B	4-$tert$-ブチル-1,2-ベンゾキノン	6.6	−3.9
C	4-メチル-1,2-ベンゾキノン	8.3	−3.9
D	4-メトキシ-1,2-ベンゾキノン	2.1	−3.7
E	4-アミノ-1,2-ベンゾキノン	−0.4	−3.5
F	4-ヒドロキシ-1,2-ベンゾキノン	6.0	−3.8
G	4-クロロ-1,2-ベンゾキノン	14.1	−4.2
H	4-ニトロ-1,2-ベンゾキノン	21.5	−4.7
I	4-カルボキシ-1,2-ベンゾキノン	15.9	−4.4
J	4-S-システアミニル-1,2-ベンゾキノン	8.8	−3.9
K	ドーパキノン	4.5	−3.8
L	ロドデンドロールキノン	7.6	−3.9

[1] 計算を行った o-キノンのラベル。A から J までは図3.10で定義したものに対応し、K と L はそれぞれドーパキノンと RD-キノンに対応する。
[2] $E_B = (E_{SCH_3^-} + E_{dopaquinone}) - E_{SCH_3^- \cdot dopaquinone}$.
[3] エネルギー準位の原点は真空準位にとった。

も1,2-ベンゾキノンに比べて大きく上昇していることが分かる。一方、ニトロ基の導入では逆に結合エネルギーが大きく上昇し、対応する LUMO 準位が大きく下がっている。

　ベンゼン環炭素はアミノ基、ニトロ基のどちらの場合も窒素原子と結合を作るが、LUMO においてその軌道間相互作用が異なっている。すなわち、アミノ基の場合は LUMO が置換基導入領域で反結合性軌道になっているのに対し、ニトロ基は結合性軌道になっている。得られた結合エネルギーと LUMO 準位の関係を図3.11にプロットした。図3.11から、チオールの結合エネルギーと LUMO 準位は近似的に線形の関係にあることが分かる。これより、チオール結合の反応性を論じるにあたって LUMO 準位に着目

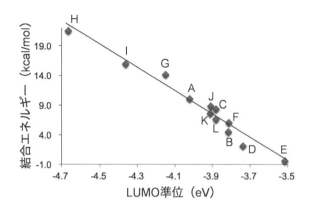

図3.11. チオールの結合エネルギーと対応するo-キノンのLUMO準位の相関

することが重要であることがより一般的に示された。

3-4. ドーパミンキノンに類似したo-キノンの環化反応性

　ここでは、ドーパミンキノンを中心としたo-キノンアミンおよびRD-キノンのC6–N結合またはC6–O結合過程を調べる。まず、o-キノンアミンのC6–N結合過程について調べる。計算の対象として、(a) ドーパミンキノン、(b) ドーパキノン、(c) N-メチルドーパミンキノン、(d) N-ホルミルドーパミンキノン、およびそれらの炭化水素鎖にメチレン基（–CH$_2$–）を挿入したもの（(a')–(d')）を選んだ（図3.12）。(a)–(d)は5員環生成に対応し、(a')–(d')は6員環生成に対応する。これらは、ドーパキノンに類似した構造を持ち、その置換基が電子供与性のもの（例: (c) N-メチルドーパミンキノン）と電子求引性のもの（例: (d) N-ホルミルドーパミンキノン）の両者を含んでいる。

3−4. ドーパミンキノンに類似した o-キノンの環化反応性

図3.12. (a)ドーパミンキノン、(b)ドーパキノン、(c)N−メチルドーパミンキノン、(d)N−ホルミルドーパミンキノン、(a')ホモドーパミンキノン、(b')ホモドーパキノン、(c')N−メチルホモドーパミンキノン、(d')N−ホルミルホモドーパミンキノンの構造式

構造式 (a) に記した数字（1〜6）は（慣用上の）命名法に則った炭素の位置番号を表す。

　まず、これらの o-キノンの炭化水素鎖は一般に立体配座（特定の結合軸周りの回転によって定義される相対的な位置関係）の自由度があるため、炭化水素鎖の C–C または C–N 結合軸周りの回転がどの程度自由に起こるかを知ることが、反応を理解する上で重要である。

　そこでドーパミンキノンの場合について、図3.13に示した二つの2面角 θ_1, θ_2 に対するポテンシャルエネルギー曲面を計算した（図3.13にあるように、メチレン基を導入したホモドーパミンキノンは三つの2面角を定義することができる）。得られたポテンシャルエネルギー曲面の等高線プロットを図3.14に示す。この結果から、アミノ基周りの回転 θ_2 に対してはポテンシャルエネルギー曲面は緩やかになっており、比較的自由に回転できることが分かった。

　図3.12に挙げたすべての o-キノンについて、その C6–N 結合生成に対するポテンシャルエネルギー曲線を図3.15、図3.16に示す。この計算においては、6位炭素（図3.12）とアミノ基窒素の距離を固定して、それ以外の自由度を緩和させた。C6–N 結合生成は図3.15、図3.16の右から左に進むが、計算は左から右の順、すなわち C6–N 結合解離の方向に進めるようにして

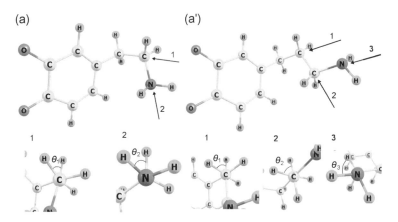

図3.13. （a）ドーパミンキノン、（a'）ホモドーパミンキノンの構造（図の上側）と立体配座を定義するための2面角 θ_1、θ_2 の定義（図の下側）

図の上側の矢印と番号は、図の下側の立体配座を定義するために着目する結合軸に沿った視点を表す。

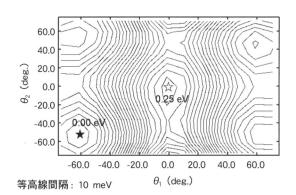

等高線間隔：10 meV

図3.14. 図3.13で定義した2面角 θ_1、θ_2 に対するポテンシャルエネルギー曲面の等高線プロット

各等高線のエネルギー間隔は10 meVである。黒い星印、白い星印はそれぞれ最安定立体配座、重なり型の立体配座（eclipsed conformation）に対応する。

3−4. ドーパミンキノンに類似したo-キノンの環化反応性

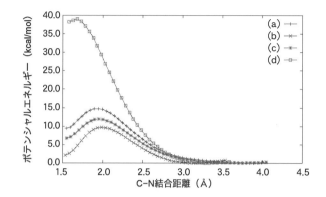

図3.15. (a)ドーパミンキノン、(b)ドーパキノン、(c)N-メチルドーパミンキノン、(d)N-ホルミルドーパミンキノンのC6–N結合生成に対するポテンシャルエネルギー曲線

エネルギーの原点はそれぞれのC6–N結合生成の始状態（エネルギー極小点）のエネルギーにとったため、各曲線ごとに異なっている。

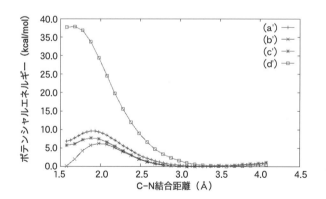

図3.16. (a)ホモドーパミンキノン、(b)ホモドーパキノン、(c)N-メチルホモドーパミンキノン、(d)N-ホルミルホモドーパミンキノンのC6–N結合生成に対するポテンシャルエネルギー曲線

エネルギーの原点はそれぞれのC6–N結合生成の始状態（エネルギー極小点）のエネルギーにとったため、各曲線ごとに異なっている。

行った。これは、C6–N 結合状態の構造がほぼ一意に決まるのに対し、C6とNが解離した反応前の状態は上述のように複数の立体配座を取り得るため、初期構造を適切に決めにくいことを考慮したためである。さらに得られた活性化障壁（遷移状態のエネルギーから始状態のエネルギーを引いたもの）および C6–N 結合生成エネルギー（終状態のエネルギーから始状態のエネルギーを引いたもの）を表3.2に示す。

　これらの結果から、α-カルボキシラート基や N-メチル基の導入が o-キノンアミンの求核性を上昇させることが分かった。過去の文献[152]では、α-カルボキシラート基による環化速度の上昇の原因としてアンモニウム基の塩基性の低下が挙げられていた。今回の結果より、α-カルボキシラート基はアンモニウム基の塩基性を下げるだけでなく、アミノ基の求核性を上げることが明らかになった。また、5員環生成（a）–（d）と6員環生成（a'）–（d'）の結果を比較すると、6員環生成のほうが活性化障壁が低くなっている。この原因を調べるため、ドーパミンキノンの5員環生成と6員環生成の場合で遷移状態の構造を比較した。その結果、表3.3のように、5員環生成時の炭化水素鎖の2面角 θ_1 変化が6員環生成の場合と比べて大きいことが明らか

表3.2.　様々な o-キノンの環化における C6–N 結合生成の活性化障壁および結合生成エネルギー

ラベル	o-キノン	活性化障壁 (kcal/mol)	C6–N 結合生成 エネルギー (kcal/mol)
(a)	ドーパミンキノン	14.76	8.99
(b)	ドーパキノン	9.69	2.08
(c)	N-メチルドーパミンキノン	11.99	5.53
(d)	N-ホルミルドーパミンキノン	38.97	38.28
(a')	ホモドーパミンキノン	9.45	6.92
(b')	ホモドーパキノン	6.22	0.00
(c')	N-メチルホモドーパミンキノン	7.61	5.53
(d')	N-ホルミルホモドーパミンキノン	38.05	37.82

3−4. ドーパミンキノンに類似した o-キノンの環化反応性

表3.3. 様々な o-キノンの環化における C6–N 結合生成時の炭化水素鎖2面角の変化
遷移状態構造における2面角 $\theta_1{}^{\ddagger}$、$\theta_2{}^{\ddagger}$、$\theta_3{}^{\ddagger}$ と始状態構造における2面角 θ_1、θ_2、θ_3 の差を取ったものをそれぞれ $\Delta\theta_1{}^{\ddagger}$、$\Delta\theta_2{}^{\ddagger}$、$\Delta\theta_3{}^{\ddagger}$ と表す。

ラベル	o-キノン	$\Delta\theta_1{}^{\ddagger}$ (deg.)	$\Delta\theta_2{}^{\ddagger}$ (deg.)	$\Delta\theta_3{}^{\ddagger}$ (deg.)
(a)	ドーパミンキノン	−31.65	−51.37	—
(b)	ドーパキノン	−23.85	−23.19	—
(c)	N-メチルドーパミンキノン	−50.15	12.33	—
(d)	N-ホルミルドーパミンキノン	−36.29	−3.63	—
(a')	ホモドーパミンキノン	−23.82	−6.89	−22.72
(b')	ホモドーパキノン	−15.13	−4.99	−13.42
(c')	N-メチルホモドーパミンキノン	−19.58	−4.69	20.21
(d')	N-ホルミルホモドーパミンキノン	−27.87	−6.58	24.28

になった。このことから、6員環生成は環構造を作るにあたって自由度が大きく、立体反発を避けることができるため活性化障壁が低くなると考えられる。すべての o-キノンアミンの場合において、反応エネルギーが正の値を示した。これは、C6–N 結合による環化中間体が不安定であり、次の素過程であるアミノ基もしくは6位炭素からの脱プロトン化が必要であることを意味する。

ドーパミンキノンへの α-カルボキシラート基、N-メチル基、および N-ホルミル基の導入が C6–N 結合生成に対する活性化障壁と結合生成エネルギーに与えた影響を考察する。C6–N 結合生成は HOMO を含むアミノ基のローンペア軌道の空間分布がベンゼン環側に広がっていく形で進行する（図3.17）。この際、ローンペア由来の電子が6位炭素に移り、さらにこれに影響を受けた π 電子の密度分布がキノン酸素側に偏ると考えられる。このような電荷移動は、ここで取り扱ったすべての o-キノンアミンについて成立する（図3.18）。すなわち、HOMO 準位など、アミノ基側の電子を供与する軌道の準位が真空準位側にシフトするほど電荷移動による安定化が大きく、反応性に重要な寄与を与えると考えられる。これを確かめるために、

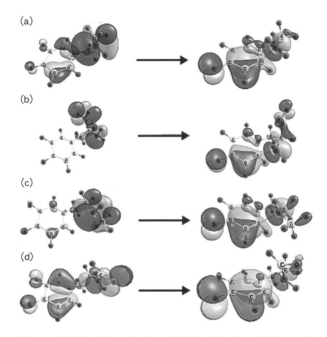

図3.17. (a)ドーパミンキノン、(b)ドーパキノン、(c)N-メチルドーパミンキノン、(d)N-ホルミルドーパミンキノンの始状態（図の左側）から遷移状態（図の右側）にかけてのHOMO空間分布の変化

HOMO空間分布は波動関数の等値面により示されている。

(a)-(d)のC6-N結合生成に対する活性化障壁と反応エネルギー（結合生成エネルギー）を、対応するHOMO準位に対してプロットしてその関係を調べた（図3.19）。これより、HOMO準位が真空準位側にシフトすると、結合生成エネルギーおよび活性化障壁が減少するため、反応性が上昇することが分かる。(d) N-ホルミルドーパミンキノンについては線形関係から外れているが、これはアミノ基窒素とホルミル基炭素の間に2重結合が生成しており、環状結合生成時にこのπ結合を切る必要があるため、(a)-(c)の場合よりも環状結合生成に大きなエネルギーを要するためだと考え

3–4. ドーパミンキノンに類似した o-キノンの環化反応性

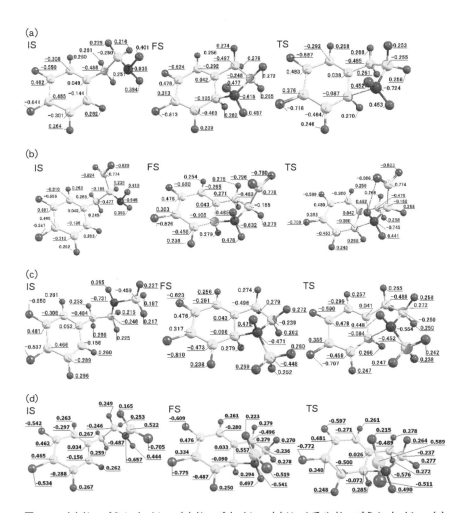

図3.18. (a)ドーパミンキノン、(b)ドーパキノン、(c)N-メチルドーパミンキノン、(d) N-ホルミルドーパミンキノンの始状態（IS: 図の左側）、終状態（FS: 図の中央）、遷移状態（TS: 図の右側）における原子電荷の分布（単位は電気素量をとった）
自然軌道解析を用いて得られた Natural charge により原子電荷を定義した。

られる。

　また、C6–N結合生成エネルギーと活性化障壁の間には線形関係が成り立っていることを確認した（図3.19）。(b) ドーパキノンや (c) N-メチルドーパミンキノンが比較的高いHOMO準位を示しているのは、HOMOを構成していると考えられるアミノ基のローンペア軌道とその周辺の軌道間の反結合的相互作用によるものと考えられる。

　図3.17、図3.20に示すように、ドーパキノンや N-メチルドーパミンキノンは、それぞれカルボキシラート基、N-メチル基周辺の軌道はアミノ基周辺の軌道と逆位相で重なった構造を有していることが分かる。このように、o-キノンアミンはその置換基構造を変えるとHOMO準位が影響を受けて環化におけるC6–N結合の反応性が変化することが示された。

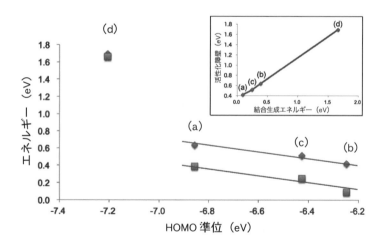

図3.19． (a)ドーパミンキノン、(b)ドーパキノン、(c)N-メチルドーパミンキノン、(d)N-ホルミルホモドーパミンキノンのC6–N結合生成に対する活性化障壁と反応エネルギーのHOMO準位に対するプロット

ひし形、正方形のマーカーはそれぞれ活性化障壁、C6–N結合生成エネルギーのデータを表す。図中右上の挿入図は活性化障壁をC6–N結合生成エネルギーに対してプロットしたもの。

3–4. ドーパミンキノンに類似した o-キノンの環化反応性

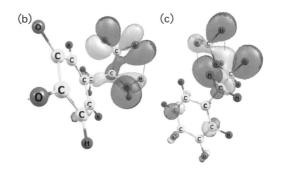

図3.20. (b) ドーパキノン、(c) N-メチルドーパミンキノンの HOMO 空間分布

アミノ基のローンペア軌道との反結合的相互作用（波動関数の逆位相での重ね合わせ）を破線で示した。HOMO 空間分布は波動関数の等値面により示されている。

HOMO 準位の真空準位側へのシフトはアミノ基のローンペアの供与能、すなわち求核性の上昇を示唆するものである。C6–N 結合生成の反応性と求核性の関係をより直接的に調べるため、ここで5員環を作る o-キノン（a）–（d）の炭化水素鎖の構成原子の凝集 Fukui 関数を計算した。この計算結果を表3.4に示す。Fukui 関数は（電子の）化学ポテンシャルの外部ポテンシャルに対する汎関数微分で定義されるため、凝集 Fukui 関数（の右側微分 f^-）が正に大きくなる部分は反応中に電子を手放すことによるエネルギー利得が大きい領域に対応する。表3.4から分かるように、炭化水素鎖の各原子について凝集 Fukui 関数を足し上げると、ドーパキノンや N-メチルドーパミンキノンが大きな値を示し、反対に N-ホルミルドーパミンキノンは小さな値を示している。よって、C6–N 結合生成の反応性と凝集 Fukui 関数はよく相関し、炭化水素鎖の求核性が重要であることが分かった。

最後に、環化に C6–O 結合生成を伴う重要な例である RD-キノンの場合について調べた。RD-キノン環化では、C–O 結合を生じると6員環生成となる。ここで6員環構造として、水酸基が6位炭素に結合してオキソニウム

表3.4. 様々な o-キノンの環化の炭化水素鎖の構成原子（のうち主要なもの）の凝集 Fukui 関数の左側微分 f^+ および右側微分 f^-

ラベル	o-キノン	原子／原子団	f^+	f^-
(a)	ドーパミンキノン	アミノ基 N	−0.01	0.33
(a)	ドーパミンキノン	炭化水素鎖全体	0.05	0.56
(b)	ドーパキノン	アミノ基 N	−0.01	0.26
(b)	ドーパキノン	カルボキシ O	0.01	0.19
(b)	ドーパキノン	カルボキシ O	0.01	0.33
(b)	ドーパキノン	炭化水素鎖全体	0.04	0.91
(c)	N-メチルドーパミンキノン	アミノ基 N	0.00	0.45
(c)	N-メチルドーパミンキノン	N-メチル C	0.00	−0.05
(c)	N-メチルドーパミンキノン	炭化水素鎖全体	0.04	0.80
(d)	N-ホルミルドーパミンキノン	アミノ基 N	−0.01	0.02
(d)	N-ホルミルドーパミンキノン	N-ホルミル C	0.00	0.00
(d)	N-ホルミルドーパミンキノン	N-ホルミル O	0.01	0.03

イオン（O の結合価が3になっているイオン）となる場合を考えたが、そのような構造は安定ではなかった。このようなオキソニウムイオンの構造を緩和させると自発的に C–O 結合が解離し、元の RD-キノンの構造に戻る様子が見られた（図3.21）。すなわち、RD-キノンは電気的に中性な状態からでは環化することができないことが分かった。安定な環構造として、水酸基から脱プロトン化した場合および4位酸素がプロトン化された場合の2種類が確認できた（図3.22）。ドーパキノンなどでも中性 pH においてはアミノ基ではなくアンモニウム基が支配的であるため、アンモニウム基からの脱プロトン化が初期過程として必要であった。RD-キノンの場合も同様に水酸基からの脱プロトン化が初期過程として考えられる。一般に、α-アンモニウム基の pK_a が約9であり、アルコール水酸基の pK_a が約15であることを考えると、RD-キノンからの脱プロトン化はドーパキノンなどと比べ、エネルギー的に不安定な過程であることが分かる。これが、RD-

3-4. ドーパミンキノンに類似した o-キノンの環化反応性

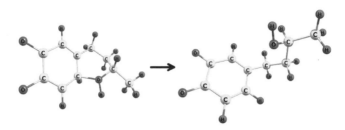

図3.21. RD-キノンの（C6–O 結合生成による）環化中間体の不安定性

構造緩和により、自発的に図の右側の構造になる。

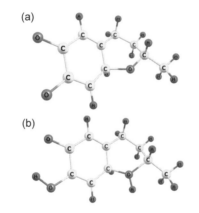

図3.22. RD-キノンの安定な（C6–O 結合生成による）環化中間体

水酸基から脱プロトン化した場合および4位酸素がプロトン化された場合の2種類が確認された。

キノンの環化が遅い主な理由であるといえる。

　同じ電気的に中性であるアミノ基と水酸基が、このように大きな反応性の違いを示したのは、アミノ基窒素と水酸基酸素の準位差によるものと考

えられる。アミノ基や水酸基のローンペア軌道の形を部分的に含む分子軌道として、HOMOなどが該当していた。ドーパキノンとRD-キノンはそれぞれHOMO準位が-6.0 eV、-7.3 eVであり、RD-キノンの水酸基の電子は、ドーパキノンのアミノ基と比べて取り出しやすいことが分かる。これが、RD-キノンの水酸基のローンペア電子はベンゼン環側に電子を渡すことがエネルギー的に安定にならないことの原因であると説明できる。水酸基からの脱プロトン化は（プロトンの正電荷が電子を安定化する効果がなくなるため）ローンペア電子の準位を真空準位側にシフトさせ、4位酸素へのプロトン化は電子を受け取るベンゼン環側の準位を真空準位から遠ざける効果がある。これが、図3.22に見られるような環構造が安定になる原因であると説明できる。

　RD-キノンの環化を促進させる可能性のある因子として、o-キノンアミンの比較で得られた知見を参考にして、水酸基をメトキシ化したものと、水酸基に隣接する炭素が持つ水素をカルボキシラート基で置換したものの環化（C–O結合生成）を調べた。これらの置換基の導入により、HOMO準位の真空準位側へのシフトが確認された（通常のRD-キノン：-7.3 eV、メトキシ化した場合：-7.1 eV、カルボキシ化した場合：-6.4 eV）。図3.23に示すように、メトキシ化したものでは安定な構造が存在せず、カルボキシ化した場合には途中で安定な構造が見られることが分かる。カルボキシ化した場合の曲線で急激にエネルギーが上昇しているところでは、水酸基からカルボキシラート基へのプロトン移動が起こっていた。このプロトン移動が不安定なオキソニウムイオンを解消し、環化構造を安定化すると考えられる。メトキシ化した場合は、オキソニウムイオンを十分に安定化させるほどの効果はなく、やはりオキソニウムイオン自体を解消する必要性が示唆される。ここで得られた結果より、RD-キノンへのカルボキシラート基の導入が環化を促進させることが明らかになった。したがって、このような分子をメラノサイトに投与した場合、チオール結合が本来のRDよりも進行せず、毒性が抑えられる可能性がある。

3-5. ドーパキノンとシステインの結合の反応解析

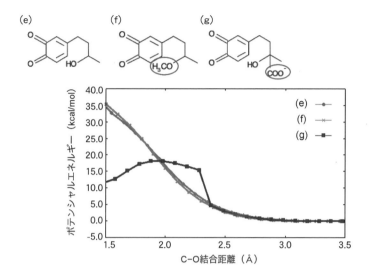

図3.23. (e)RD-キノン、(f)4-(2,3-キノニル)-2-メトキシブタン、(g)4-(2,3-キノニル)-2-カルボキシブタノールの環化におけるC6–O結合生成に対するポテンシャルエネルギー曲線

3-5. ドーパキノンとシステインの結合の反応解析

ここでは、システインがドーパキノンのベンゼン環炭素に結合する過程について調べる。システインの硫黄原子は水素原子と結合している（スルフヒドリル結合）が、この状態ではドーパキノンのベンゼン環炭素と安定に結合した状態は見られなかった（構造緩和により自発的に解離してしまう）。したがって、ここではシステインの硫黄から脱プロトン化したシステインチオラートイオン（Cys–S⁻）を考える。最初期過程が脱プロトン化であるという仮定は、チオール結合が塩基性pHにより加速されるという実験結果に矛盾しない[163,164]。

Cys–S⁻をドーパキノンのベンゼン環炭素付近に近づけて安定構造を探索

したところ、図3.24のような6種類の（準）安定構造が得られた（A–F）。それぞれの結合エネルギーの計算結果を表3.5に示す。得られた構造のうち、Cys–S⁻がC1に結合した構造（F）は結合エネルギーが負であったため、安定な状態ではない。実験ではC5、C2への結合が支配的で、C6への結合は

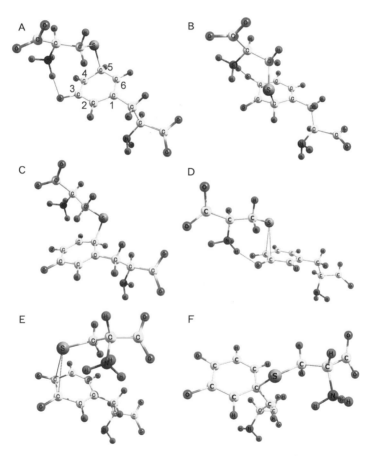

図3.24. ドーパキノンの、A: C5、B: C2、C: C6、D: C3–C4ブリッジ（分子間水素結合あり）、E: C3–C4ブリッジ（分子間水素結合なし）、F: C1にシステインチオラートイオン（Cys–S⁻）が結合した構造

3−5. ドーパキノンとシステインの結合の反応解析

表3.5. ドーパキノンの、A: C5、B: C2、C: C6、D: C3–C4ブリッジ（分子間水素結合あり）、E: C3–C4ブリッジ（分子間水素結合なし）、F: C1へのシステインチオラートイオン（Cys–S⁻）の結合エネルギー

ラベル	結合サイト	結合エネルギー（kcal/mol）
A	C5	5.95
B	C2	4.33
C	C6	4.40
D	C3–C4（分子間水素結合あり）	9.64
E	C3–C4（分子間水素結合なし）	6.53
F	C1	−0.33

ほとんど得られていないが [2,23,93,161]、少なくともC2結合体とC6結合体の結合エネルギーにはほとんど差が見られなかった。

　表3.5が示すように、システインはC5、C2よりもC3–C4結合の上に安定に結合することが明らかとなった（D、E）。図3.24の構造D、Eは他と比べるとベンゼン環炭素と硫黄の結合距離が非常に長くなっていた。例えば、構造AのC5–S距離と構造DのC3–S距離を比較すると、それぞれ1.907 Å、2.684 Åであった。構造A、B、C、Fはベンゼン環炭素が元来のsp^2構造からsp^3構造（すなわち正四面体に近い構造）に変形していることが分かる。一方、構造D、Eはそのような大きな構造変化は見られず、ベンゼン環上に存在するπ電子軌道とシステインチオラートの電子軌道が直接相互作用したような状態になっている。

　システインチオラートがC3–C4ブリッジに吸着し、その後C5に移動するまでの過程を調べるために、図3.25に示したような座標Z、Dを定義した。ZはC3から測ったS原子の吸着高さを表し、Dはベンゼン環炭素骨格に沿ったSの運動に対応する自由度である。これら2自由度に対するポテンシャルエネルギー曲面を計算したところ、図3.26に示すような結果が得られた。なお、計算はZとDを指定してベンゼン環炭素とシステインチオラートを構成する原子以外の原子配置を緩和させた。C5およびC2結合体に至る

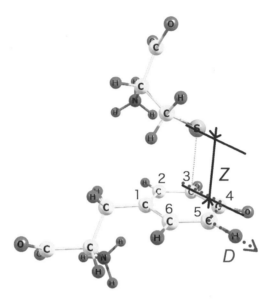

図3.25. ドーパキノンの5位炭素にシステインチオラートイオン（Cys–S⁻）が結合するまでの過程を調べるための二つの座標 Z、D

過程で、構造 A、B の生成が考えられてきたが[162,163,164]、活性化障壁を経る必要がなく最安定な構造 D をまず経由すると考える方が妥当であることが分かる。

　これらの結果から、システインはまず C3–C4 ブリッジに近づき、そこから隣接する C5 もしくは C2 に移動するという機構でシステイン結合が進行することが示唆された。その後の過程としてはシステインチオラートのアンモニウム基が有するプロトンが O3 もしくは O4 に移動し、最終的に硫黄が結合した C5 もしくは C2 から脱プロトン化が起き、まだプロトン化されていない方の酸素にプロトンが移動するという経路が考えられる。C5–S 結合を経由する経路を考えた場合のエネルギー変化を図3.27に示した。この結果から、最終段階である、C5 から O4 へのプロトン移動過程に伴うエ

3−5. ドーパキノンとシステインの結合の反応解析

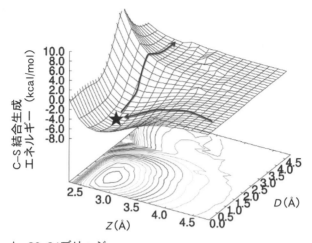

★: C3–C4ブリッジ

図3.26. 図3.25で定義された2自由度 Z、D に対するポテンシャルエネルギー曲面

矢印は Cys–S⁻ が5位炭素に接近する経路の候補に対応する。

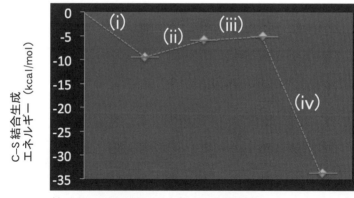

(i) システインのC3-C4ブリッジへの結合
(ii) C5-S結合生成
(iii) プロトン移動（アンモニウムNからO3）
(iv) プロトン移動（H5からO4）

図3.27. 図3.25で定義された2自由度 Z、D に対するポテンシャルエネルギー曲面

矢印は Cys–S⁻ が5位炭素に接近する経路の候補に対応する。

ネルギー的安定化の効果が非常に大きく、システイン結合を不可逆にする
ために不可欠な過程であることが示唆された。

3-6. まとめ

　本章ではドーパキノンを中心とする o -キノンの化学反応（環化、チオー
ル結合）を第一原理計算により解析し、その反応機構と反応性に関する一
般的な傾向を説明した。

　最初に、ドーパキノンとRD-キノンに着目し、これらの環化およびチオー
ル結合が互いに与える影響を調べた。ドーパキノンの場合には環化後には
結合状態が不安定になり、RD-キノンの場合は環化後も結合状態が安定で
あることを示した。チオール結合は o -キノンへの電荷の再分布を伴うため、
その結合エネルギーは o -キノンのLUMO準位が真空準位から遠いほど結
合エネルギーが高くなる。ドーパキノンとRD-キノンは両方とも環化に
よってLUMO準位が真空準位側にシフトすることを示した。特にRD-キ
ノンの場合、環化によるLUMO準位のシフト量が顕著であった。C6–N結
合とC6–O結合のイオン結合性の違いから、LUMO準位のシフト量に違い
が出ることを指摘した。

　次に、 o -キノンの環化の初期過程である、C6–N結合またはC6–O結合
の生成過程を調べた。C6–N結合生成については、計算の対象として、ドー
パミンキノン、ドーパキノン、 N -メチルドーパミンキノン、 N -ホルミル
ドーパミンキノン、およびそれらの炭化水素鎖にメチレン基（–CH$_2$–）を
挿入したもの（(a')–(d')）を選んだ（図3.12）。メチレン基の挿入の有無で、
5員環生成と6員環生成の比較になっている。またC6–O結合生成について
は、計算の対象として、RD-キノンの環化を調べた。 α -カルボキシラー
ト基および N -メチル基の導入はC6–N結合生成に対する活性化障壁を下
げる効果があることが明らかになった。一方、 N -ホルミル基の導入は逆
に活性化障壁を上げる効果が見られた。5員環生成と6員環生成を比較する

と、6員環生成の方が活性化障壁が低くなることが示された。アミノ基ローンペア軌道は部分的に HOMO に含まれており、この準位が真空準位に近いほど、ローンペア電子をベンゼン環側に与えることによる安定化の度合いが大きくなる。ここでは、活性化障壁、反応エネルギーは線形関係にあり、さらに o-キノンの HOMO 準位と相関することを示した。α-カルボキシラート基および N-メチル基の導入によって HOMO 内でアミノ基との反結合的相互作用（逆位相での重なり合い）が誘導されることを指摘した。RD-キノンの C6–O 結合生成は、RD-キノンが電気的に中性な構造では起こらないことを示した。水酸基からの脱プロトン化が RD-キノン環化の最初期過程であることを指摘した。

　最後に、ドーパキノンのベンゼン環炭素にシステインが結合する過程の反応解析を行った。システインチオラートイオン Cys–S⁻ が結合するサイトとして C5、C2、C6、C3–C4 ブリッジ、C1 の 5 種類を見出した。特に、従来考えられてきた C5、C2 よりもさらに安定な C3–C4 ブリッジを見出した。C2、C6 結合における結合エネルギーはほぼ同等であり、C6 結合体が実験で見られないのは、C6 結合体のエネルギー的不安定性によるものではないことを示した。これらの結果に基づき、システインはまず C3–C4 ブリッジに近づき、そこから隣接する C5 もしくは C2 に移動するという機構でシステイン結合が進行することを提唱した。

　これらは実験結果[23,108,152] と符合するものであり、ドーパキノンおよび RD-キノンの環化／チオール結合の競合[23,108] およびドーパキノンと類似構造を持つ o-キノンの環化速度[152] の傾向を原子レベルで説明するものである。さらに、RD-キノンの環状結合生成が電気的中性条件では起こらないことと、ドーパキノンの C2 および C5 へのシステイン結合には、隣接するサイトである C3–C4 ブリッジとの相互作用を考えることが必要であることを指摘した。

4. おわりに

　本書では、メラニン生合成過程に含まれる分枝反応（ドーパクロム変換、ドーパキノンおよび類似するo-キノンの環化、チオール結合）を第一原理計算により解析し、その反応機構と反応性に関する一般的な傾向を調べた。ユーメラニンの2種類のモノマーであるDHIとDHICAを生成するドーパクロム変換と、ユーメラニン／フェオメラニン合成の分岐点となっているドーパキノンの反応、およびドーパキノンに類似したo-キノンの反応を取り扱った。

　計算結果から、ドーパクロム変換においてDHIの生成に有利な条件とDHICAの生成に有利な条件をより一般的な観点から理解することができた。ドーパクロムからDHIまたはDHICAへの分岐はα-炭素から水素が解離するか、もしくはカルボキシ基が解離するかにかかっている。このどちらが解離するかを決定づけるのが、α-炭素から離れた位置にあるキノノイド部位の酸素のプロトン化状態である。これはπ電子共役系の特性が顕著に表れた結果である。塩基性pH条件やCu(II)がキノノイド酸素へ配位した条件は、キノノイド酸素をプロトン化から守りつつ、律速過程であるβ-脱プロトン化を促進している条件になっていることを計算から明らかにし

た。このように、ドーパクロム変換に関する実験条件とその結果の関係を統一的に理解する視点を提供することができた。これにより、ユーメラニンの合成条件とDHI/DHICA組成の関係を探る上で重要な手がかりとなることが期待される。

また、ドーパキノンを中心とするo-キノンの環化とチオール結合について多角的な視点から理解することができた。環化とチオール結合は競合の関係にあり、合成されるメラニンのユーメラニン／フェオメラニン組成に影響する重要な分枝反応である。どちらの反応も、o-キノンのベンゼン環炭素への電荷の再分布を伴う反応であり、HOMOおよびLUMOの準位が反応性を決める重要な因子である。ここでは、このような競合をより具体的な形で示すために、環化の進行がチオール結合に対する反応性を低下させることを示した。特に、ドーパキノンの場合、環化してドーパクロムになってしまうとチオール結合がエネルギー的に不安定になることを示した。そして、それが環化によるLUMOの真空準位側へのシフトと関係していることが分かった。一方、RD-キノンの場合は結合状態がエネルギー的に安定で、環化によるLUMOの真空準位側へのシフト量がドーパキノンの場合よりも小さかった。

o-キノンに導入された置換基と環化におけるC6–N結合（またはC6–O結合）生成の活性化障壁の関係を調べたところ、α-カルボキシラート基およびN-メチル基の導入によって活性化障壁が下がることが分かった。これらは、置換基導入によってアミノ基（もしくは水酸基）のローンペア軌道の準位が真空準位側にシフトすることで、ベンゼン環側に電荷移動が起こりやすくなったためだとして理解できる。RD-キノンの場合、安定なC–O結合を作るためには水酸基からの脱プロトン化（もしくはキノン酸素のプロトン化）が必要で、オキソニウムイオンは安定にならないことを示した。これらの結果は総合的に、RD-キノンが環化よりもチオール結合に対して優位性を持っていることを示すものである。チオール結合は細胞毒性との関係が指摘されており、したがってRD-キノンのチオール結合

に対する優位性は、毒性の一因と考えられる。ここでは、RD-キノンにカルボキシラート基を導入することで、環化の促進が期待できることを示した。

　システインのドーパキノンへの結合過程の機構は十分に理解されておらず、その反応途中の構造が特定されていなかった。ここでは、システインの最安定結合部位としてC3–C4ブリッジを示し、これに隣接するC5、C2への中継地点となることを指摘した。C2とC6はどちらもほぼ同等の結合エネルギーを示したが、実験ではC6結合体はほぼ見られていない。今回の結果により、より微視的なシステイン結合の機構を理解する手がかりを与えることができた。

　メラニン化学は様々な学術分野間の交錯によって発展してきた。本書は、メラニン生合成過程に見られる化学反応を分子構造を様々に変化させながら、第一原理から解析する計算機マテリアルデザインのアプローチをとった。これらの結果により、様々な制御因子を原子レベルで理解し、実験で見出されてきた知見をより一般的なものに拡張することができた。これらの新たな基礎的知見に基づき、メラニン化学研究ならびに関連分野の研究に新たな方向性が開拓されることが期待される。

参考文献

[1] M. d'Ischia, K. Wakamatsu, A. Napolitano, S. Briganti, J.C. García-Borrón, D. Kovacs, P. Meredith, A. Pezzella, M. Picardo, T. Sarna, J.D. Simon, and S. Ito, Melanins and melanogenesis: methods standards protocols, *Pigment Cell Melanoma Res.* **26** (2013) 616-633.

[2] S. Ito and K. Wakamatsu, Chemistry of mixed melanogenesis-pivotal roles of dopaquinone, *Photochem. Photobiol.* **84** (2008) 582-592.

[3] S. Ito and K. Wakamatsu, Human hair melanins: what we have learned and have not learned from mouse coat color pigmentation, *Pigment Cell Melanoma Res.* **24** (2010) 63-74.

[4] M. Seiji, T.B. Fitzpatrick, R.T. Simpson, and M.S.C. Birbeck, Chemical composition and terminology of specialized organelles (melanosomes and melanin granules) in mammalian melanocytes, *Nature* **197** (1963) 1082-1084.

[5] J.Y. Lin and D.E. Fisher, Melanocyte biology and skin pigmentation, *Nature* **445** (2007) 843-850.

[6] T.P. Dryja, M. O'Neil-Dryja, J.M. Pawelek, and D.M. Albert, Demonstration of tyrosinase in the adult bovine uveal tract and retinal pigment epithelium, *Invest. Ophthalmol. Visual Sci.* **17** (1978) 511-514.

[7] L. Zecca, R. Pietra, C. Goj, C. Mecacci, D. Radice, and E. Sabbioni, Iron and other metals in neuromelanins substantia nigra and putamen of human brain, *J. Neurochem.* **62** (1994) 1097-1101.

[8] R.J. D'Amato, Z.P. Lipman, and S.H. Snyder, Selectivity of the Parkinsonian neurotoxin MPTP: toxic metabolite MPP+ binds to neuromelanin, *Science* **231** (1986) 987-989.

[9] W. Westerhof and M. d'Ischia, Vitiligo puzzle: the pieces fall in place, *Pigment Cell Res.* **20** (2007) 345-359.

[10] P.B. Chapman *et al.*, Improved survival with vemurafenib in melanoma with BRAF V600E mutation, *N. Engl. J. Med.* **364** (2011) 2507-2516.

[11] F.S. Hodi *et al.*, Improved survival with ipilimumab in patients with metastatic melanoma, *N. Engl. J. Med.* **363** (2010) 711-723.

[12] R. Nazarian, H. Shi, Q.Wang, X. Kong, R.C. Koya, H. Lee, Z. Chen, M.-K. Lee, N. Attar, H. Sazegar, T. Chodon, S.F. Nelson, G. McArthur, J.A. Sosman, A. Ribas, and R.S. Lo, Melanomas acquire resistance to B-RAF (V600E) inhibition by RTK or N-RAS upregulation, *Nature* **468** (2010) 973-977.

[13] R.M. MacKie, A. Hauschild, and A.M.M. Eggermont, Epidemiology of invasive cutaneous melanoma, *Annals of Oncology* **20** (2009) vi1-vi7.

[14] P. Meredith and J. Riesz, Radiative relaxation quantum yields for synthetic eumelanin, *Photochem. Photobiol.* **79** (2004) 211-216.

[15] J.B. Nofsinger, T. Ye, and J.D. Simon, Ultrafast nonradiative relaxation dynamics of eumelanin, *J. Phys. Chem. B* **105** (2001) 2864-2866.

[16] S. Subianto, G. Will, and P. Meredith, Electrochemical synthesis of melanin free-standing films, *Polymer* **46** (2005) 11505-11509.

[17] J.E. McGinness, Mobility gaps: a mechanism for band gaps in Melanins, *Science* **177** (1972) 896-897.

[18] J.E. McGinness, P. Corry, and P. Procter, Amorphous semiconductor switching in melanins, *Science* **183** (1974) 853-855.

[19] A.B. Mostert, B.J. Powell, I.R. Gentle, and P. Meredith, On the origin of electrical conductivity in the bio-electronic material melanin, *Appl. Phys. Lett.* **100** (2012) 093701.

[20] A.B. Mostert, B.J. Powell, F.L. Pratt, G.R. Hanson, T. Sarna, I.R. Gentle, and P. Meredith, Role of semiconductivity and ion transport in the electrical conduction of melanin, *Proc. Natl. Acad. Sci.* **109** (2012) 8943-8947.

[21] C.J. Bettinger, J.P. Bruggeman, A. Misra, J.T. Borenstein, and R. Langer, Biocompatibility of biodegradable semiconducting melanin films for nerve tissue engineering, *Biomaterials* **30** (2009) 3050-3057.

[22] H. Lee, S.M. Dellatore, W.M. Miller, P.B. Messersmith, Mussel-inspired surface chemistry for multifunctional coatings, *Science* **318** (2007) 426-430.

[23] S. Ito, A Chemist's View of Melanogenesis, *Pigment Cell Res.* **16** (2003) 230-236.

[24] S. Ito, Y. Nakanishi, R.K. Valenzuela, M.H. Brilliant, L. Kolbe, and K. Wakamatsu, Usefulness of alkaline hydrogen peroxide oxidation to analyze eumelanin and pheomelanin in various tissue samples: application to chemical analysis of human hair melanins, *Pigment Cell Melanoma Res.* **24** (2011) 605-613.

[25] H. Ozeki, K. Wakamatsu, and S. Ito, Chemical characterization of eumelanins with special emphasis on 5,6-dihydroxyindole-2-carboxylic acid content and molecular size, *Anal. Biochem.* **248** (1997) 149-157.

[26] H. Ozeki, S. Ito, K. Wakamatsu, and T. Hirobe, Chemical characterization of hair melanins in various coat-color mutants of mice, *J. Invest. Dermatol.* **105** (1995) 361-366.

[27] V.J. Hearing and M. Jiménz, Mammalian tyrosinase: the critical regulatory control point in melanocyte pigmentation, *Int. J. Biochem.* **19** (1987) 1141-1147.

[28] T.B. Fitzpatrick, S.W. Becker, Jr., A.B. Lerner, and H. Montgomery, Tyrosinase in human skin: demonstration of its presence and of its role in human melanin formation, *Science* **112** (1950) 223-225.

[29] A.B. Lerner and T.B. Fitzpatrick, Biochemistry of melanin formation, *Physiol. Rev.* **30** (1950) 91-126.

[30] G.H. Hogeboom and M.H. Adams, Mammalian tyrosinase and dopa oxidase, *J. Biol. Chem.* **145** (1942) 273-279.

[31] A.B. Lerner, T.B. Fitzpatrick, E. Calkins, and W.H. Summerson, Mammalian tyrosinase: preparation and properties, *J. Biol. Chem.* **178** (1949) 185-195.

[32] H.S. Raper, XCV. The tyrosinase-tyrosine reaction. V., *J. Biol. Chem.* **20** (1926) 735-742.

[33] H.S. Raper, XIV. The tyrosinase-tyrosine reaction. VI., *J. Biol. Chem.* **21** (1927) 89-96.

[34] K. Wakamatsu and S. Ito, Preparation of eumelanin-related metabolites 5,6-dihydroxyindole 5,6-dihydroxyindole-2-carboxylic acid and their *o*-methyl derivatives, *Anal. Biochem.* **170** (1988) 335-340.

[35] H.S. Mason, The chemistry of melanin. III. mechanism of the oxidation of dihydroxyphenylalanine by tyrosinase, *J. Biol. Chem.* **172** (1948) 83-99.

[36] J.D. Bu'Lock and J. Harley-Mason, Melanin and its precursors. Part II. Model experiments on the reactions between quinones and indoles and consideration of a possible structure for the melanin polymer, *J. Chem. Soc.* (1951) 703-712.

[37] R.J.S. Beer, T. Broadhurst, and A. Robertson, The chemistry of the melanins. Part V. The autoxidation of 5,6-dihydroxyindoles, *J. Chem. Soc.* (1954) 1947-1953.

[38] T.B. Fitzpatrick and A.B. Lerner, Terminology of pigment cells, *Science* **117** (1953)

640-640.

[39] A.M. Körner and J.M. Pawelek, Dopachrome conversion: a possible control point in melanin biosynthesis, *J. Invest. Dermatol.* **75** (1980) 192-195.

[40] A.M. Körner and P. Gettins, Synthesis *in vitro* of 5,6-dihydroxyindole-2-carboxylic acid by dopachrome conversion factor from Cloudman S91 melanoma cells, *J. Invest. Dermatol.* **85** (1985) 229-231.

[41] S. Ito, Reexamination of the structure of eumelanin, *Biochim. Biophys. Acta* **883** (1986) 155-161.

[42] J.M. Pawelek, After dopachrome?, *Biochim. Biophys. Acta* **883** (1986) 155-161.

[43] M. Sugumaran and V. Semensi, Quinone methide as a new intermediate in eumelanin biosynthesis, *J. Biol. Chem.* **266** (1991) 6073-6078.

[44] I.J. Jackson, D.M. Chambers, K. Tsukamoto, N.G. Copeland, D.J. Gilbert, N.A. Jenkins, and V. Hearing, A second tyrosinase-related protein TRP-2 maps to and is mutated at the mouse slaty locus, *EMBO J.* **11** (1992) 527-535.

[45] F.Solano, J.H. Martinez-Liarte, C. Jiménz-Cervantes, J.C. García-Borrón, and J.A. Lozano, Dopachrome tautomerase is a zinc-containing enzyme, *Biochem. Biophys. Res. Commun.* **204** (1994) 1243-1250.

[46] F. Solano, C. Jiménez-Cervantes, J.H. Martínez-Liarte, J.C. García-Borrón, J.R. Jara, and J.A. Lozano, Molecular mechanism for catalysis by a new zinc-enzyme dopachrome tautomerase, *Biochem. J.* **313** (1996) 447-453.

[47] W.T. Ismaya, H.J. Rozeboom, A. Weijn, J.J. Mes, F. Fusetti, H.J. Wichers, and B.W. Dijkstra, Crystal structure of *Agaricus bisporus* mushroom tyrosinase: identity of the tetramer subunits and interaction with tropolone, *Biochemistry* **50** (2011) 5477-5486.

[48] C.A. Ramsden and P.A. Riley, Tyrosinase: the four oxidation states of the active site and their relevance to enzymatic activation oxidation and inactivation, *Bioorg. Med. Chem.* **22** (2014) 2388-2395.

[49] S. Naish-Byfield and P.A. Riley, Oxidation of monohydric phenol substrates by tyrosinase. An oximetric study, *Biochem. J.* **288** (1992) 63-67.

[50] C.J. Cooksey, P.J. Garratt, E.J. Land, S. Pavel, C.A. Ramsden, P.A. Riley, and N.P.M. Smit, Evidence of the indirect formation of the catecholic intermediate substrate responsible for the autoactivation kinetics of tyrosinase, *J. Biol. Chem.* **272** (1997)

26226-26235.

[51] E. Pelizzetti, E. Mentasti, E. Pramauro, and G. Giraudi, Kinetic determination of adrenaline L-dopa and their mixtures with a stopped-flow spectrophotometric techniqu, *Anal. Chim. Acta* **85** (1976) 161-168.

[52] D. Kertesz, M. Brunori, R. Zito, and E. Antonini, Transient kinetic studies of dopa oxidation by polyphenoloxidase, *Biochim. Biophys. Acta* **250** (1971) 306-310.

[53] M.R. Chedekel, E.J. Land, A. Thompson, and T.G. Truscott, Early steps in the free radical polymerisation of 3,4-dihydroxyphenylalanine (dopa) into melanin, *J. Chem. Soc., Chem. Commun.* (1984) 1170-1172.

[54] R. Edge, M. d'Ischia, E.J. Land, A. Napolitano, S. Navaratnam, L. Panzella, A. Pezzella, C.A. Ramsden, and P.A. Riley, Dopaquinone redox exchange with dihydroxyindole and dihydroxyindole carboxylic acid, *Pigment Cell Res.* **19** (2006) 443-450.

[55] C. Jímenez-Cervantes, F. Solano, T. Kobayashi, K. Urabe, V.J. Hearing, J.A. Lozano, and J.C. García-Borrón, A new enzymatic function in the melanogenic pathway. The 5,6-dihydroxyindole-2-carboxylic acid oxidase activity of tyrosinase-related protein-1 (TRP1), *J. Biol. Chem.* **269** (1994) 17993-18000.

[56] T. Kobayashi, K. Urabe, A. Winder, C. Jímenez-Cervantes, G. Imokawa, T. Brewington, F. Solano, J.C. García-Borrón, and V.J. Hearing, Tyrosinase related protein 1 (TRP1) functions as a DHICA oxidase in melanin biosynthesis, *EMBO J.* **13** (1994) 5818-5825.

[57] C. Olivares, C. Jímenez-Cervantes, J.A. Lozano, F. Solano, and J.C. García-Borrón, The 5,6-dihydroxyindole-2-carboxylic acid (DHICA) oxidase activity of human tyrosinase, *Biochem. J.* **354** (2001) 131-139.

[58] S. Ito, N. Suzuki, S. Takebayashi, S. Commo, and K. Wakamatsu, Neutral pH and copper ions promote eumelanogenesis after the dopachrome stage, *Pigment Cell Melanoma Res.* **26** (2013) 817-825.

[59] A. Napolitano, M.G. Corradini, and G. Prota, A reinvestigation of the structure of melanochrome, *Tetrahedron Lett.* **26** (1985) 2805-2808.

[60] G. Prota, Melanins melanogenesis and melanocytes: looking at their functional significance from the chemist's viewpoint, *Pigment Cell Res.* **13** (2000) 283-293.

[61] A. Pezzella, A. Napolitano, M. d'Ischia, and G. Prota, Oxidative polymerisation of

5,6-dihydroxyindole-2-carboxylic acid to melanin: a new insight, *Tetrahedron* **52** (1996) 7913-7920.

[62] P. Palumbo, M. d'Ischia, and G. Prota, Tyrosinase-promoted oxidation of 5,6-dihydroxyindole-2-carboxylic acid to melanin. Isolation and characterization of oligomer intermediates, *Tetrahedron* **43** (1987) 4203-4206.

[63] P. Meredith and T. Sarna, The physical and chemical properties of eumelanin, *Pigment Cell Res.* **19** (2006) 572-594.

[64] M. d'Ischia, A. Napolitano, A. Pezzella, P. Meredith, and T. Sarna, Chemical and structural diversity in eumelanins: unexplored bio-optoelectronic materials, Angew. *Chem. Int Ed.* **48** (2009) 3914-3921.

[65] A. Pezzella, D. Vogna, and G.Prota, Atropoisomeric melanin intermediates by oxidation of the melanogenic precursor 5,6-dihydroxyindole-2-carboxylic acid under biomimetic conditions, *Tetrahedron* **58** (2002) 3681-3687.

[66] L. Panzella, A. Pezzella, A. Napolitano, and M. d'Ischia, The first 5,6-dihydroxyindole tetramer by oxidation of 5,5',6 6'-tetrahydroxy-2,4'-biindolyl and an unexpected issue of positional reactivity en route to eumelanin-related polymers, *Org. Lett.* **9** (2007) 1411-1414.

[67] A. Pezzella, L. Panzella, A. Natangelo, M. Arzillo, A. Napolitano, and M. d'Ischia, 5,6-Dihydroxyindole tetramers with anomalous interunit bonding patterns by oxidative coupling of 5,5',6,6'-tetrahydroxy-2,7'-biindolyl: emerging complexities on the way toward an improved model of eumelanin buildup, *J. Org. Chem.* **72** (2007) 9225-9230.

[68] M. d'Ischia, A. Napolitano, A. Pezzella, E.J. Land, C.A. Ramsden, P.A. Riley, 5,6-Dihydroxyindoles and indole-5,6-diones, *Adv. Heterocycl. Chem.* **89** (2005) 1-63.

[69] A. Napolitano, O. Crescenzi, and G. Prota, Copolymerisation of 5,6-dihydroxyindole and 5,6-dihydroxyindole-2-carboxylic Acid in melanogenesis: isolation of a cross-coupling produc, *Tetrahedron Lett.* **34** (1993) 885-888.

[70] A. Napolitano, O.Crescenzi, K. Tsiakas, and G. Prota, Oxidation chemistry of 5,6-dihydroxy-2-methylindole, *Tetrahedron* **49** (1993) 9143-9150.

[71] K. Glass, S. Ito, P.R. Wilby, T. Sota, A. Nakamura, C.R. Bowers, J. Vinther, S. Dutta, R. Summons, D.E.G. Briggs, K. Wakamatsu, and J.D. Simon, Direct

chemical evidence for eumelanin pigment from the Jurassic period, *Proc. Natl. Acad. Sci.* **109** (2012) 10218-10223.

[72] S. Ito, K. Wakamatsu, K. Glass, J.D. Simon, High-performance liquid chromatography estimation of cross-linking of dihydroxyindole moiety in eumelanin, *Anal. Biochem.* **434** (2013) 221-225.

[73] H.C. Longuet-Higgins, On the origin of the free radical property of melanins, *Arch. Biochem. Biophys.* **86** (1960) 231-232.

[74] M.S. Blois, A.B. Zahlan, and J.E. Maling, Electron spin resonance studies on melanin, *Biophys. J.* **4** (1964) 471-490.

[75] A. Pullman and B. Pullman, The band structure of melanins, *Biochim. Biophys. Acta* **54** (1961) 384-385.

[76] D.S. Galvão and M.J. Caldas, Polymerization of 5,6-indolequinone: a view into the band structure of melanins, *J. Chem. Phys.* **88** (1988) 4088-4091.

[77] D.S. Galvão and M.J. Caldas, Theoretical investigation of model polymers for eumelanins. I. Finite and infinite polymers, *J. Chem. Phys.* **92** (1990) 2630-2636.

[78] J. Cheng, S.C. Moss, M. Eisner, and P. Zschack, X-ray characterization of melanins–I, *Pigment Cell Res.* **7** (1994) 255-262.

[79] J. Cheng, S.C. Moss, and M. Eisner, X-ray characterization of melanins–II, *Pigment Cell Res.* **7** (1994) 263-273.

[80] G.W. Zajac, J.M. Gallas, J. Cheng, M. Eisner, S.C. Moss, and A.E. Alvarado-Swaisgood, The fundamental unit of synthetic melanin: a verification by tunneling microscopy of X-ray scattering results, *Biochim. Biophys. Acta* **1199** (1994) 271-278.

[81] P. Meredith, B.J. Powell, J. Riesz, S.P. Nighswander-Rempel, M.R. Pederson, and E.G. Moore, Towards structure-property-function relationships for eumelanin, *Soft Matter* **2** (2006) 37-44.

[82] P. Hohenberg, and W. Kohn, Inhomogeneous electron gas, *Phys. Rev.* **136** (1964) B864-B871.

[83] W. Kohn, and L.J. Sham, Self-consistent equations including exchange and correlation effects, *Phys. Rev.* **140** (1965) A1133-A1138.

[84] Y.V. Il'ichev and J.D. Simon, Building blocks of eumelanin: relative stability and excitation energies of tautomers of 5,6-dihydroxyindole and 5,6-indolequinone, *J.*

Phys. Chem. B **107** (2003) 7162-7171.

[85] B.J. Powell, T. Baruah, N. Bernstein, K. Brake, R.H. McKenzie, P. Meredith, M.R. Pederson, A first-principles density-functional calculation of the electronic and vibrational structure of the key melanin monomers, *J. Chem. Phys.* **120** (2004) 8608-8615.

[86] B.J. Powell, 5,6-Dihydroxyindole-2-carboxylic acid: a first principles density functional study, *Chem. Phys. Lett.* **402** (2005) 111-115.

[87] M.L. Tran, B.J. Powell, and P. Meredith, Chemical and structural disorder in eumelanins: a possible explanation for broadband absorbance, *Biophys, J.* **90** (2006) 743-752.

[88] J.S.M. Anderson, J. Melin, P.W. Ayers, Conceptual density-functional theory for general chemical reactions including those that are neither charge-nor frontier-orbital controlled. 1. Theory and derivation of a general-purpose reactivity indicator, *J. Chem. Theory Comput.* **3** (2007) 358-374.

[89] J.S.M. Anderson, J. Melin, P.W. Ayers, Conceptual density-functional theory for general chemical reactions including those that are neither charge-nor frontier-orbital controlled. 2. Application to molecules where frontier molecular orbital theory fails, *J. Chem. Theory Comput.* **3** (2007) 375-389.

[90] H. Okuda, K. Wakamatsu, S. Ito, and T. Sota, Possible oxidative polymerization mechanism of 5,6-dihydroxyindole from ab initio calculations, *J. Phys. Chem. A* **112** (2008) 11213-11222.

[91] R.G. Parr and W. Yang, Density functional approatch to the frontier-electron theory of chemical reactivity, *J. Am. Chem. Soc.* **106** (1984) 4049-4050.

[92] P. Fuentealba, P. Pérez, R. Contreras, On the condensed Fukui function, *J. Chem. Phys.* **113** (2000) 2544-2551.

[93] S. Ito and G. Prota, A facile one-step synthesis of cysteinyldopas using mushroom tyrosinase, *Experimentia* **33** (1977) 1118-1119.

[94] A. Thompson, E.J. Land, M.R. Chedekel, K.V. Subbarao, and T.G. Truscott, A pulse radiolysis investigation of the oxidation of the melanin precursors 3,4-dihydroxy-phenylalanine (dopa) and the cysteinyldopas, *Biochim. Biophys. Acta* **843** (1985) 49-57.

[95] A. Napolitano, P.D. Donato, G. Prota, and E.J. Land, Transient quinonimines and

1,4-benzothiazines of pheomelanogensis: new pulse radiolytic and spectro-photometric evidence, *Free Radic. Biol. Med.* **27** (1999) 521-528.

[96] A. Napolitano, P.D. Donato, and G. Prota, New regulatory mechanisms in the biosynthesis of pheomelanins: rearrangement vs. redox exchange reaction routes of a transient 2H-1 4-benzothiazine-o-quinonimine intermediate, *Biochim. Biophys. Acta* **1475** (2000) 47-54.

[97] A. Napolitano, C. Costantini, O. Crescenzi, and G. Prota, Characterisation of 1,4-benzothiazine intermediates in the oxidative conversion of 5-S-cysteinyldopa to pheomelanin, *Tetrahedron Lett.* **35** (1994) 6365-6368.

[98] A. Napolitano, M.D. Lucia, L. Panzella, and M. d'Ischia, The "benzothiazine" chromophore of pheomelanins: a reassessment, *Photochem. Photobiol.* **84** (2008) 593-599.

[99] K. Wakamatsu, K. Ohtara, and S. Ito, Chemical analysis of late stages of pheomelanogenesis: conversion of dihydrobenzothiazine to a benzothiazole structure, *Pigment Cell Melanoma Res.* **22** (2009) 474-486.

[100] E.J. Land, C.A. Ramsden, and P.A. Riley, Pulse radiolysis studies of *ortho*-quinone chemistry relevant to melanogenesis, *J. Photochem. Photobiol. B, Biol.* **64** (2001) 123-135.

[101] A. Napolitano, P.D. Donato, and G. Prota, Zinc-catalyzed oxidation of 5-S-cysteinyldopa to 2 2'-bi (2H-1 4-benzothiazine): tracing the biosynthetic pathway of trichochromes the characteristic pigments of red hair, *J. Org. Chem.* **66** (2001) 6958-6966.

[102] P.D. Donato, A. Napolitano, and G. Prota, Metal ions as potential regulatory factors in the biosynthesis of red hair pigments: a new benzothiazole intermediate in the iron or copper assisted oxidation of 5-S-cysteinyldopa, *Biochim. Biophys. Acta* **1571** (2002) 157-166.

[103] A. Biesemeier, U. Schraermeyer, and O. Eibl, Chemical composition of melanosomes lipofuscin and melanolipofuscin granules of human RPE tissues, *Exp. Eye Res.* **93** (2011) 29-39.

[104] Y. Liu, L. Hong, K. Wakamatsu, S. Ito, B. Adhyaru, C.Y. Cheng, C.R. Bowers, and J.D. Simon, Comparison of structural and chemical properties of black and red human hair melanosomes, *Photochem. Photobiol.* **81** (2005) 135-144.

[105] K. Thörneby-Andersson, O. Sterner, and C. Hansson, Tyrosinase-mediated formation of a reactive quinone from the depigmenting agents 4-tert-butylphenol and 4-tert-butylcatechol, *Pigment Cell Res.* **13** (2000) 33-38.

[106] P. Manini, A. Napolitano, W. Westerhof, P.A. Riley, and M. d'Ischia, A reactive *ortho*-quinone generated by tyrosinase-catalyzed oxidation of the skin depigmentating agent monobenzone: self-coupling and thiol-conjugation reactions and possible implications for melanocyte toxicity, *Chem. Res. Toxicol.* **22** (2009) 1398-1405.

[107] K. Hasegawa, S. Ito, S. Inoue, K. Wakamatsu, H. Ozeki, and I. Ishiguro, Dihydro-1,4-benzothiazine-6,7-dione, the ultimate toxic metabolite of 4-S-cysteaminylphenol and 4-S-cysteaminylcatechol, *Biochem. Pharmacol.* **53** (1997) 1435-1444.

[108] S. Ito, M. Ojika, T. Yamashita, and K. Wakamatsu, Tyrosinase-catalyzed oxidation of rhododendrol produces 2-methylchromane-6,7-dione, the putative ultimate toxic metabolite: implications for melanocyte toxicity, *Pigment Cell Melanoma Res.* **27** (2014) 744-753.

[109] S. Ito, W. Gerwat, L. Kolbe, T. Yamashita, M. Ojika, and K. Wakamatsu, Human tyrosinase is able to oxidize both enantiomers of rhododendrol, *Pigment Cell Melanoma Res.* **27** (2014) 1149-1153.

[110] V. Hariharan, J. Klarquist, M.J. Reust, A. Koshoffer, M.D. McKee, R.E. Boissy, and I.C. Le Poole, Monobenzyl ether of hydroquinone and 4-tertiary butyl phenol activate markedly different physiological responses in melanocytes: relevance to skin depigmentation, *J. Invest. Dermatol.* **130** (2010) 211-220.

[111] S. Toosi, S.J. Orlow, and P. Manga, Vitiligo-inducing phenols activate the unfolded protein response in melanocytes resulting in upregulation of IL6 and IL8, *J. Invest. Dermatol.* **132** (2012) 2601-2609.

[112] F. Yang, R. Sarangarajan, I.C. Le Poole, E.E. Medrano, and R.E. Boissy, The cytotoxicity and apoptosis induced by 4-tertiary butylphenol in human melanocytes are independent of tyrosinase activity, *J. Invest. Dermatol.* **114** (2000) 157-164.

[113] J.G. van den Boorn, D.I. Picavet, P.F. van Swieten, H.A. van Veen, D. Konijnenberg, P.A. van Veelen, T. van Capel, E.C. de Jong, E.A. Reits, J.W. Drijfhout, J.D. Bos, C.J.M. Melief, and R.M. Luiten, Skin-depigmenting agent monobenzone induces potent T-cell autoimmunity toward pigmented cells by

tyrosinase haptenation and melanosome autophagy, *J. Invest. Dermatol.* **131** (2011) 1240-1251.

[114] Y. Ishii-Osai, T. Yamashita, Y. Tamura, N. Sato, A. Ito, H. Honda, K. Wakamatsu, S. Ito, E. Nakayama, M. Okura, and K. Jimbow, *N*-propionyl-4-S-cysteaminylphenol induces apoptosis in B16F1 cells and mediates tumor-specific T-cell immune responses in a mouse melanoma model, *J. Dermatol. Sci.* **67** (2012) 51-60.

[115] M. Sasaki, M. Kondo, K. Sato, M. Umeda, K. Kawabata, Y. Takahashi, T. Suzuki, K. Matunaga, and S. Inoue, Rhododendrol a depigmentation-inducing phenolic compound exerts melanocyte cytotoxicity via a tyrosinase-dependent mechanism, *Pigment Cell Melanoma Res.* **27** (2014) 754-763.

[116] E. Karg, E. Rosengren, and H. Rorsman, Hydrogen peroxide as a mediator of dopac-induced effects on melanoma cells, *J. Invest. Dermatol.* **96** (1991) 224-227.

[117] S. Ito, M. Okura, Y. Nakanishi, M. Ojika, K. Wakamatsu, and T. Yamashita, Tyrosinase-catalyzed metabolism of rhododendrol (RD) in B16 melanoma cells: production of RD-pheomelanin and covalent binding with thiol proteins, *Pigment Cell Melanoma Res.* **28** (2015) 295-306.

[118] A. Napolitano, L. Panzella, and G. Monfrecola, Pheomelanin-induced oxidative stress: bright and dark chemistry bridging red hair phenotype and melanoma, *Pigment Cell Melanoma Res.* **27** (2014) 721-733.

[119] L. Panzella, L. Leone, G. Greco, G. Vitiello, G. D'Errico, A. Napolitano, M. d'Ischia, Red human hair pheomelanin is a potent pro-oxidant mediating UV-independent contributory mechanisms of melanomagenesis, *Photochem. Photobiol.* **82** (2006) 733-737.

[120] T. Ye, L. Hong, J. Garguilo, A. Pawlak, G.S. Edwards, R.J. Nemanich, T. Sarna, and J.D. Simon, Photoionization thresholds of melanins obtained from free electron laser-photoelectron emission microscopy femtosecond transient absorption spectroscopy and electron paramagnetic resonance measurements of oxygen photoconsumption, *Pigment Cell Melanoma Res.* **28** (2015) 295-306.

[121] W. Westerhof, P. Manini, A. Napolitano, and M. d'Ischia, The haptenation theory of vitiligo and melanoma rejection: a close-up, *Exp. Dermatol.* **20** (2011) 92-96.

[122] S. Toosi, S.J. Orlow, and P. Manga, Vitiligo-inducing phenols activate the unfolded protein response in melanocytes resulting in upregulation of IL6 and

IL8, *J. Invest. Dermatol.* **132** (2012) 2601-2609.

[123] T. Passeron and J.-P. Ortonne, Activation of the unfolded protein response in vitiligo: the missing link?, *J. Invest. Dermatol.* **132** (2012) 2502-2504.

[124] R. Kishida, Y. Ushijima, A.G. Saputro, and H. Kasai, Effect of pH on elementary steps of dopachrome conversion from first-principles calculation, *Pigment Cell Melanoma Res.* **27** (2014) 734-743.

[125] R. Kishida, A.G. Saputro, and H. Kasai, Mechanism of dopachrome tautomerization into 5,6-dihydroxyindole-2-carboxylic acid catalyzed by Cu(II) based on quantum chemical calculations, *Biochim. Biophys. Acta* **1850** (2015) 281-286.

[126] R. Kishida, H. Kasai, S.M. Aspera, R.L. Arevalo, and H. Nakanishi, Branching reaction in melanogenesis: the effect of intramolecular cyclization on thiol binding, *J. Electron. Mater.* **46** (2017) 3784-3788.

[127] R. Kishida, H. Kasai, S.M. Aspera, R.L. Arevalo, and H. Nakanishi, Density functional theory-based first principles calculations of rhododendrol-quinone reactions: preference to thiol binding over cyclization, *J. Phys. Soc. Jpn.* **86** (2017) 024804-1-5.

[128] R. Kishida, A.G. Saputro, R.L. Arevalo, and H. Kasai, Effects of introduction of α-carboxylate N-methyl and N-formyl groups on intramolecular cyclization of o-quinone amines: density functional theory-based study, *Int. J. Quant. Chem.* **117** (2017) e25445-1-9.

[129] J. Bustamante, L. Bredeston, G. Malanga, and J. Mordoh, Role of melanin as a scavenger of active oxygen species, *Pigment Cell Res.* **6** (1993) 348-353.

[130] M. Tada, M. Kohno, and Y. Niwano, Scavenging or quenching effect of melanin on superoxide anion and singlet oxygen, *J. Clin. Biochem. Nutr.* **46** (2010) 224-228.

[131] W. Korytowski and T. Sarna, Bleaching of melanin pigment: role of copper ions and hydrogen peroxide in autooxidation and photooxidation of synthetic dopa-melanin, *J. Biol. Chem.* **265** (1990) 12410-12416.

[132] L. Panzella, A. Napolitano, and M. d'Ischia, Is DHICA the key to dopachrome tautomerase and melanocyte functions?, *Pigment Cell Melanoma Res.* **24** (2010) 248-249.

参考文献

[133] D. Kovacs, E. Flori, V. Maresca, M. Ottaviani, N. Aspite, M.L. Dell'Anna, L. Panzella, A. Napolitano, M. Picardo, and M. d'Ischia, The eumelanin intermediate 5,6-dihydroxyindole-2-carboxylic acid is a messenger in the cross-talk among epidermal cells, *J. Invest. Dermatol.* **132** (2012) 1196-1205.

[134] P. Muneta, Enzymatic blackening in potatoes influence of pH on dopachrome oxidation, *Am. Potato J.* **54** (1977) 387-393.

[135] A. Palumbo, M. d'Ischia, G. Misuraca, and G. Prota, Effect of metal ions on the rearrangement of dopachrome, *Biochim. Biophys. Acta* **925** (1987) 203-209.

[136] A. Palumbo, F. Solano, G. Misuraca, P. Aroca, J.C. García-Borrón, J.A. Lozano, and G. Prota, Comparative action of dopachrome tautomerase and metal ions on the rearrangement of dopachrome, *Biophys. Acta* **1115** (1991) 1-5.

[137] S. Commo, O. Gaillard, S. Thibaut, and B.A. Bernard, Absence of TRP-2 in melanogenic melanocytes of human hair, *Pigment Cell Res.* **17** (2004) 488-497.

[138] S. Commo, K. Wakamatsu, I. Lozano, S. Panhard, G. Loussouarn, B.A. Bernard, and S. Ito, Age-dependent changes in eumelanin composition in hairs of various ethnic origins, *Int. J. Cosmet. Sci.* **34** (2012) 102-107.

[139] C.J. Vavricka, B.M. Christensen, and J. Li, Melanization in living organisms: a perspective of species evolution, *Protein Cell.* **1** (2010) 830-841.

[140] M. Sugumaran, H. Dali, and V. Semensi, Formation of a stable quinone methide during tyrosinase-catalyzed oxidation of α-methyl dopa methyl ester and its implication in melanin biosynthesis, *Bioorg. Chem.* **18** (1990) 144-153.

[141] Gaussian 09, Revision C. 01, M. J. Frisch, G. W. Trucks, H. B. Schlegel, G. E. Scuseria, M. A. Robb, J. R. Cheeseman, G. Scalmani, V. Barone, B. Mennucci, G. A. Petersson, H. Nakatsuji, M. Caricato, X. Li, H. P. Hratchian, A. F. Izmaylov, J. Bloino, G. Zheng, J. L. Sonnenberg, M. Hada, M. Ehara, K. Toyota, R. Fukuda, J. Hasegawa, M. Ishida, T. Nakajima, Y. Honda, O. Kitao, H. Nakai, T. Vreven, J. A. Montgomery, Jr., J. E. Peralta, F. Ogliaro, M. Bearpark, J. J. Heyd, E. Brothers, K. N. Kudin, V. N. Staroverov, R. Kobayashi, J. Normand, K. Raghavachari, A. Rendell, J. C. Burant, S. S. Iyengar, J. Tomasi, M. Cossi, N. Rega, J. M. Millam, M. Klene, J. E. Knox, J. B. Cross, V. Bakken, C. Adamo, J. Jaramillo, R. Gomperts, R. E. Stratmann, O. Yazyev, A. J. Austin, R. Cammi, C. Pomelli, J. W. Ochterski, R. L. Martin, K. Morokuma, V. G. Zakrzewski, G. A. Voth, P. Salvador,

J. J. Dannenberg, S. Dapprich, A. D. Daniels, Ö. Farkas, J. B. Foresman, J. V. Ortiz, J. Cioslowski, and D. J. Fox, Gaussian, Inc., Wallingford CT, 2009.

[142] A.D. Becke, Density-functional thermochemistry. III. The role of exact exchange, *J. Chem. Phys.* **98** (1993) 5648-5652.

[143] C. Lee, W. Yang, and R.G. Parr, Development of the Colle-Salvetti correlation-energy formula into a functional of the electron density, *Phys. Rev. B* **37** (1988) 785-789.

[144] J.P. Foster, and F. Weinhold, Natural hybrid orbitals, *J. Am. Chem. Soc.* **102** (1980) 7211-7218.

[145] J. Tomasi, B. Mennucci, and R. Cammi, Quantum mechanical continuum solvation models, *Chem. Rev.* **105** (2005) 2999-3093.

[146] J.L. Pascual-Ahuir, E. Silla, and I. Tuñon, GEPOL: an improved description of molecular surfaces. III. A new algorithm for the computation of a solvent-excluding surface, *J. Comput. Chem.* **15** (1994) 1127-1138.

[147] A. Pasquarello, I. Petri, P.S. Salmon, O. Parisel, R. Car, É. Tóth, D.H. Powell, H.E. Fischer, L. Helm, and A.E. Merbach, First solvation shell of the Cu (II) aqua ion: evidence for fivefold coordination, *Science* **291** (2001) 856-859.

[148] V.S. Bryantsev, M.S. Diallo, A.C.T. van Duin, and W.A. Goddard III, Hydration of copper (II): new insights from density functional theory and the COSMO solvation model, *J. Phys. Chem. A* **112** (2008) 9104-9112.

[149] A.V. Marenich, C.J. Cramer, and D.G. Truhlar, Universal solvation model based on solute electron density and on a continuum model of the solvent defined by the bulk dielectric constant and atomic surface tensions, *J. Phys. Chem.* **114** (2009) 6378-6396.

[150] W.A. Donald and E.R. Williams, An improved cluster pair correlation method for obtaining the absolute proton hydration energy and enthalpy evaluated with an expanded data set, *J. Phys. Chem. B* **114** (2010) 13189-13200.

[151] W.M. Haynes, CRC Handbook of chemistry and physics, 91st edition, 2010-2011.

[152] E.J. Land, C.A. Ramsden, and P.A. Riley, *ortho*-Quinone amines and derivatives: the influence of structure on the rates and modes of intramolecular reaction, *Arkivoc,* **xi** (2007) 23-36.

[153] W.D. Bush, J. Garguilo, F.A. Zucca, A. Albertini, L. Zecca, G.S. Edwards, R.J.

Nemanich, and J.D. Simon, The surface oxidation potential of human neuromelanin reveals a spherical architecture with a pheomelanin core and a eumelanin surface, *Natl. Acad. Sci.* **103** (2006) 14785-14789.

[154] S. Ito, Encapsulation of a reactive core in neuromelanin, *Proc. Natl. Acad. Sci.* **103** (2006) 14647-14648.

[155] S. Ito, T. Kato, and K. Fujita, Covalent binding of catechols to proteins through the sulphydryl group, *Biochem. Pharmacol.* **37** (1988) 1707-1710.

[156] M.D. Hawley, S.V. Tatawawadi, S. Piekarski, and R.N. Adams, Electrochemical studies of the oxidation pathways of catecholamines, *J. Am. Chem. Soc.* **89** (1967) 447-450.

[157] J. Borovansky, R. Edge, E.J. Land, S. Navaratnam, S. Pavel, C.A. Ramsden, P.A. Riley, and N.P.M. Smit, Mechanistic studies of melanogenesis: the influence of *N*-substitution on dopamine quinone cyclization, *Pigment Cell Melanoma Res.* **19** (2006) 170-178.

[158] T.E. Young, J.R. Griswold, and M.H. Hulbert, Melanin. I. Kinetics of the oxidative cyclization of dopa to dopaquinone, *J. Org. Chem.* **39** (1974) 1980-1982.

[159] J. Cabanes, F. García-Cánovas, J.A. Lozano, and F. García-Carmona, A kinetic study of the melanization pathway between L-tyrosine and dopachrome, *Biochim. Biophys. Acta* **923** (1987) 187-195.

[160] F. García-Carmona, F. García-Cánovas, J.L. Iborra, and J.A. Lozano, Kinetic study of the pathway of melanization between L-dopa and dopachrome, *Biochim. Biophys. Acta* **717** (1982) 124-131.

[161] G. Prota, Recent advances in the chemistry of melanogenesis in mammals, *J. Invest. Dermatol.* **75** (1980) 122-127.

[162] X. Huang, R. Xu, M.D. Hawley, T.L. Hopkins, and K.J. Kramer, Electrochemical oxidation of *N*-acyldopamines and regioselective reactions of their quinones with *N*-acetylcysteine and thiourea, *Arch. Biochem. Biophys.* **352** (1998) 19-30.

[163] R. Xu, X. Huang, K.J. Kramer, and M.D. Hawley, Characterization of products from the reactions of dopamine quinone with *N*-acetylcysteine, *Bioorg. Chem.* **24** (1996) 110-126.

[164] G.N.L. Jameson, J. Zhang, R.F. Jameson, and W. Linert, Kinetic evidence that cysteine reacts with dopaminoquinone via reversible adduct formation to yield

5-cysteinyl-dopamine: an important precursor of neuromelanin, *Org. Biomol. Chem.* **2** (2004) 777-782.

[165] C. Peng and H.B. Schlegel, Combining synchronous transit and quasi-newton methods for finding transition states, *Isr. J. Chem.* **33** (1993) 449-454.

索　引

あ 行

悪性黒色腫　*4*
アドレノクロム　*16*
アポトーシス　*34*
アミノクロム　*16*
アロステリック制御　*21*
イミノクロム　*16*
インターロイキン6　*37*
ウシ血清アルブミン　*66*
エクソソーム　*34*
エピネフリン　*66*
炎症性サイトカイン　*34*
オートファジー　*34*

か 行

化学的表現型　*9*
化学分解　*9*
化学無秩序モデル　*28*
活性化障壁　*44*
活性酸素　*2*
活性部位　*18*
カテコール酸化　*23*
環化　*13*
キノノイド部位　*42*
キノンイミン　*30*
キノンメチド　*43*
求核剤　*33*
吸光光度法　*14*
凝集 Fukui 関数　*29*
クラス I 分子　*36*
グルタチオン　*35*
黒色素胞　*3*
計算機マテリアルデザイン　*2*
結合性軌道　*27*
原子吸光スペクトル　*18*

交換相関エネルギー　*45*
抗原提示細胞　*34*
交差抗原提示　*35*
抗酸化剤　*35*
高次構造　*8*
構造最適化　*46*
酵素活性　*12*
高速液体クロマトグラフィー　*9*
黒質　*4*
互変異性化　*18*

さ 行

最高被占軌道　*27*
最低空軌道　*27*
細胞傷害性　*34*
細胞傷害性 T 細胞　*35*
細胞毒性　*34*
酸化ストレス応答　*34*
酸化促進剤　*36*
酸化的重合過程　*23*
酸化分解　*9*
シークエンス　*18*
色素異常症　*4*
色素細胞　*3*
シクロドーパ　*23*
自己免疫応答　*34*
システイン　*29*
システイン残基　*35*
自然原子軌道　*45*
自動酸化　*13*
自由電子レーザー　*64*
樹状細胞　*34*
主要組織適合性複合体　*36*
小胞体ストレス応答　*34*
シンクロトロン放射光　*27*
神経堤細胞　*3*

117

尋常性白斑 *4*
水素化ホウ素ナトリウム還元 *31*
スーパーオキシドラジカル *35*
スカフォールド *6*
制御性 T 細胞 *37*
青斑核 *4*
セミキノン *23*
遷移状態 *70*
走査型トンネル顕微鏡 *28*

た 行

第一原理計算 *2*
脱色素療法 *34*
脱炭酸 *17*
チオール *29*
チオール結合 *29*
チロシナーゼ *11*
チロシナーゼ関連タンパク質 *18*
電子求引性 *76*
電子供与性 *76*
電子スピン共鳴 *27*
銅タンパク質 *19*
ドーパ *11*
ドーパキノン *13*
ドーパクロム *14*
ドーパクロム互変異性酵素 *18*
ドーパクロム変換酵素 *16*
ドーパミン *6*
ドーパミンキノン *66*

な 行

ニューロメラニン *4*
ニューロン *4*
ネクローシス *34*
ノルエピネフリン *66*

は 行

パーキンソン病 *4*
白斑 *4*
ハプテン *36*
反結合的相互作用 *74*

バンド理論 *27*
反応素過程 *43*
汎用反応性指標 *28*
光電子顕微鏡 *64*
光防御作用 *2*
ヒスチジン残基 *18*
ヒドロキシルラジカル *22*
ファンデルワールス体積 *45*
フェオメラニン *3*
プロテアソーム *34*
分子軌道計算 *27*
分子標的薬 *5*
ヘテロオリゴマー *26*
ベンゾチアジン *3*
ベンゾチアゾール *9*
放射線パルス分解法 *22*
ポテンシャルエネルギー曲線 *46*
ホモオリゴマー *26*
ホモドーパミンキノン *79*

ま 行

マイケル付加 *68*
密度汎関数理論 *28*
眼杯 *3*
眼皮膚白皮症 *4*
メラニン *2*
メラノーマ *4*
メラノクロム *15*
メラノサイト *3*
メラノジェネシス *10*
メラノソーム *3*
免疫チェックポイント阻害剤 *5*
網膜色素上皮細胞 *3*
モノオキシゲナーゼ活性 *19*
モノベンゾン *33*
モノマー間カップリング *24*

や 行

有限差分法 *70*
誘導期 *12*
ユーメラニン *3*

ユビキチン化　34

ら　行

ランゲルハンス細胞　36
立体特異性　42
立体配座　79
ルイス酸　59
ルブレセリン　16
連続誘電体モデル　45
ロドデンドロール　33

A－Z

BSA　66
casing model　64
DCF　16
DCT　18
deact-tyrosinase form　19
DFT　28
DHBTCA　30
DHI　7
DHICA　7
dopa　11
FEL　64
Gibbs の自由エネルギー　48
Haptenation theory　36
Henderson-Hasselbalch 式　49
HOMO　27
HOMO-LUMO ギャップ　27
HPLC　9
Hückel 法　27
IL-6　37
IQ　14
IQ-CA　14
LUMO　27
MART－1　34

met-tyrosinase form　19
MHC　36
N-ホルミルドーパミンキノン　78
N-メチルドーパミンキノン　78
N-プロピオニル-4-S-CAP　35
o-キノン　13
ODHBT　32
oxy-tyrosinase form　19
p-置換カテコール　63
p-置換フェノール　33
PCM　45
PDCA　9
PEEM　64
PTCA　9
PTeCA　26
Raper-Mason 経路　16
RD　33
RD-キノン　36
RD-フェオメラニン　36
ROS　2
SMD　50
STM　28
STQN 法　70
TDCA　9
TRP1　18
TRP2　18
TRPs　18
TTCA　9
UPR　34
X 線回折　27
α-脱プロトン化　43
β-脱プロトン化　43
π-π スタッキング　28
π 電子共役鎖　47
1電子酸化　22
2-S-システイニルドーパ　29
4-S-CAP　33
4-S-システアミニルフェノール　33
4-TBP　33
4-*tert*-ブチルフェノール　33
5,6-インドールキノン　14

119

5,6-ジヒドロキシインドール　7
5,6-ジヒドロキシインドール-2-酢酸　7
5-S-システイニルドーパ　29

岸田　良　Ryo Kishida

所　　属：九州大学大学院歯学研究院
　　　　　口腔機能修復学講座生体材料学分野
　　　　　博士（工学）、大阪大学
生年月日：1991年1月22日
最終学歴：大阪大学大学院工学研究科博士後期
　　　　　課程
専　　門：第一原理計算、生体材料学

笠井秀明　Hideaki Kasai

所　　属：明石工業高等専門学校・校長、
　　　　　大阪大学名誉教授
　　　　　工学博士
生年月日：1952年1月23日
最終学歴：大阪大学大学院工学研究科（博士）
専　　門：物性理論

大阪大学新世紀レクチャー

計算機マテリアルデザイン先端研究事例Ⅲ
メラニン色素の生合成

発行日　2019年1月24日　初版第1刷発行　　　　［検印廃止］

著　者　岸田　良、笠井秀明

発行所　**大阪大学出版会**
　　　　代表者　三成賢次

　　　　〒565-0871
　　　　大阪府吹田市山田丘2-7　大阪大学ウエストフロント
　　　　電話：06-6877-1614（直通）　FAX：06-6877-1617
　　　　URL：http://www.osaka-up.or.jp

印刷・製本　株式会社 遊文舎

©Ryo KISHIDA and Hideaki KASAI 2019　　　　Printed in Japan
ISBN978-4-87259-256-6 C3050

JCOPY〈出版者著作権管理機構 委託出版物〉
本書の無断複製は著作権法上での例外を除き禁じられています。複製される場合は、その都度事前に、出版者著作権管理機構（電話 03-3513-6969、FAX 03-3513-6979、e-mail: info@jcopy.or.jp）の許諾を得てください。